本书列入

2017年国家社会科学基金重大委托项目

"十三五"国家重点图书出版规划项目

孝经

中华传统文化百部经典

汪受宽 解读

国家图书馆出版社

图书在版编目（CIP）数据

孝经／汪受宽解读 . — 北京：国家图书馆出版社，
2021.6

（中华传统文化百部经典／袁行霈主编）

ISBN 978-7-5013-7206-5

Ⅰ.①孝… Ⅱ.①汪… Ⅲ.①家庭道德－中国－
古代 ②《孝经》－注释 Ⅳ.① B823.1

中国版本图书馆 CIP 数据核字（2020）第 267853 号

国家图书馆出版社官方微信

书　　名	孝　经	
著　　者	汪受宽 解读	
责任编辑	潘肖蔷	
特约编辑	邢鸿文	
封面设计	敬人设计工作室	

出版发行　国家图书馆出版社（北京市西城区文津街 7 号　 100034）
　　　　　010-66114536　63802249　nlcpress@nlc.cn（邮购）

网　　址　http://www.nlcpress.com

印　　装　北京科信印刷有限公司

版次印次　2021 年 6 月第 1 版　2021 年 6 月第 1 次印刷

开　　本　710×1000（毫米）　1/16

印　　张　16.25

字　　数　208 千字

书　　号　ISBN 978-7-5013-7206-5

定　　价　52.00 元（精装）

中华传统文化百部经典

顾　问

编纂缘起

　　文化是民族的血脉，是人民的精神家园。党的十八大以来，围绕传承发展中华优秀传统文化，习近平总书记发表了一系列重要讲话，深刻揭示出中华优秀传统文化的地位和作用，梳理概括了中华优秀传统文化的历史源流、思想精神和鲜明特质，集中阐明了我们党对待传统文化的立场态度，这是中华民族继往开来、实现伟大复兴的重要文化方略。2017 年初，中共中央办公厅、国务院办公厅印发《关于实施中华优秀传统文化传承发展工程的意见》，从国家战略层面对中华优秀传统文化传承发展工作作出部署。

　　我国古代留下浩如烟海的典籍，其中的精华是培育民族精神和时代精神的文化基础。激活经典，熔古铸今，是增强文化自觉和文化自信的重要途径。多年来，学术界潜心研究，钩沉发覆、辨伪存真、提炼精华，做了许多有益工作。编纂《中华传统文化百部经典》（简称《百部经典》），就是在汲取已有成果基础上，力求编出一套兼具思想性、学术性和大众性的读本，使之成为广泛认同、传之久远的范本。《百部经典》所选图书上起先秦，下至辛亥革命，包括哲学、文学、历史、艺术、科技等领域的重要典籍。萃取其精华，加以解读，旨在搭建传统典籍与大众之间的桥梁，激活中华优秀传统文化，用优秀传统文化滋养当代中国人的精神世界，提振当代中国人的文化自信。

这套书采取导读、原典、注释、点评相结合的编纂体例，寻求优秀传统文化与社会主义核心价值观之间的深度契合点；以当代眼光审视和解读古代典籍，启发读者从中汲取古人的智慧和历史的经验，借以育人、资政，更好地为今人所取、为今人所用；力求深入浅出、明白晓畅地介绍古代经典，让优秀传统文化贴近现实生活，融入课堂教育，走进人们心中，最大限度地发挥以文化人的作用。

《百部经典》的编纂是一项重大文化工程。在中宣部等部门的指导和大力支持下，国家图书馆做了大量组织工作，得到学术界的积极响应和参与。由专家组成的编纂委员会，职责是作出总体规划，选定书目，制订体例，掌握进度；并延请德高望重的大家耆宿担当顾问，聘请对各书有深入研究的学者承担注释和解读，邀请相关领域的知名专家负责审订。先后约有 500 位专家参与工作。在此，向他们表示由衷的谢意。

书中疏漏不当之处，诚请读者批评指正。

2017 年 9 月 21 日

凡　例

一、《中华传统文化百部经典》的选书范围，上起先秦，下迄辛亥革命。选择在哲学、文学、历史、艺术、科技等各个领域具有重大思想价值、社会价值、历史价值和学术价值的一百部经典著作。

二、对于入选典籍，视具体情况确定节选或全录，并慎重选择底本。

三、对每部典籍，均设"导读""注释""点评"三个栏目加以诠释。导读居一书之首，主要介绍作者生平、成书过程、主要内容、历史地位、时代价值等，行文力求准确平实。注释部分解释字词、注明难字读音，串讲句子大意，务求简明扼要。点评包括篇末评和旁批两种形式。篇末评撮述原典要旨，标以"点评"，旁批萃取思想精华，印于书页一侧，力求要言不烦，雅俗共赏。

四、原文中的古今字、假借字一般不做改动，唯对异体字根据现行标准做适当转换。

五、每书附入相关善本书影，以期展现典籍的历史形态。

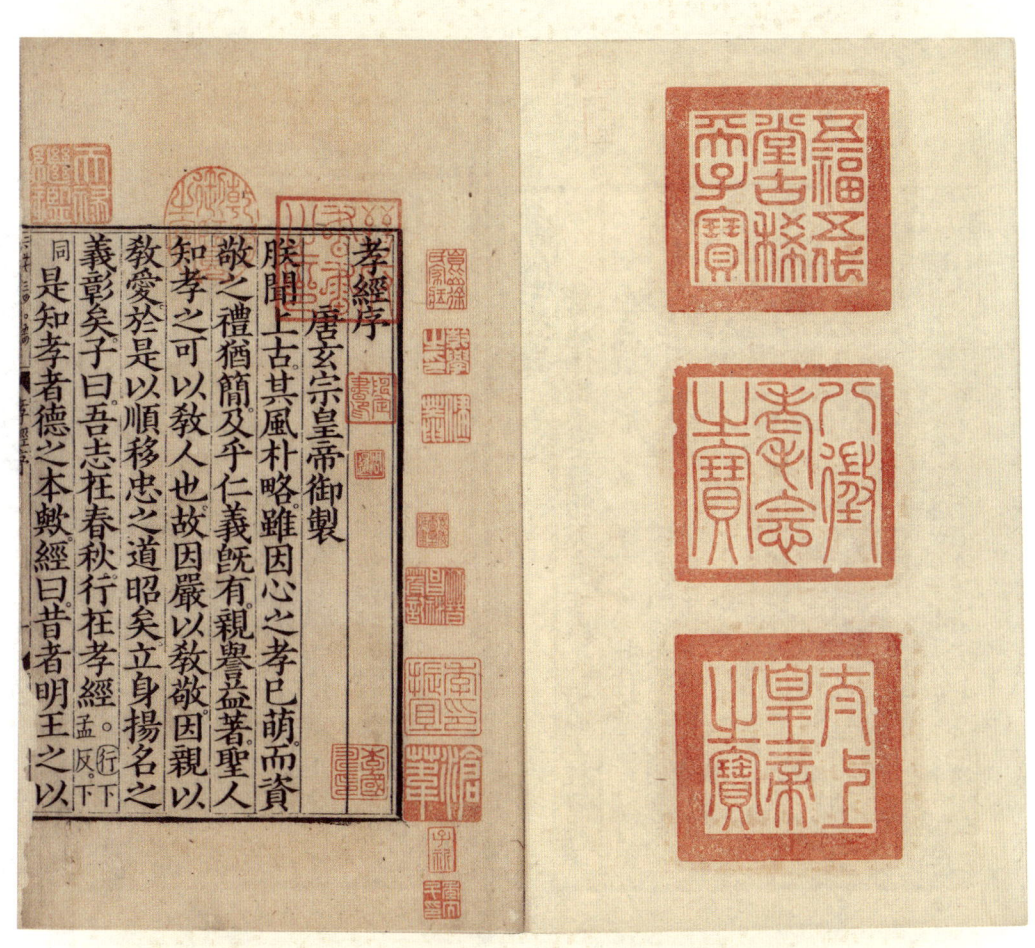

孝經序　唐玄宗皇帝御製

朕聞上古其風朴略雖因心之孝已萌而資
敬之禮猶簡及乎仁義既有親譽益著聖人
知孝之可以教人也故因嚴以教敬因親以
教愛於是以順移忠之道昭矣立身揚名之
義彰矣子曰吾志在春秋行在孝經。
同是知孝者德之本歟經曰昔者明王之以

孝经一卷　（唐）唐玄宗李隆基注　（唐）陆德明音
元相台岳氏荆溪家塾刻本　国家图书馆藏

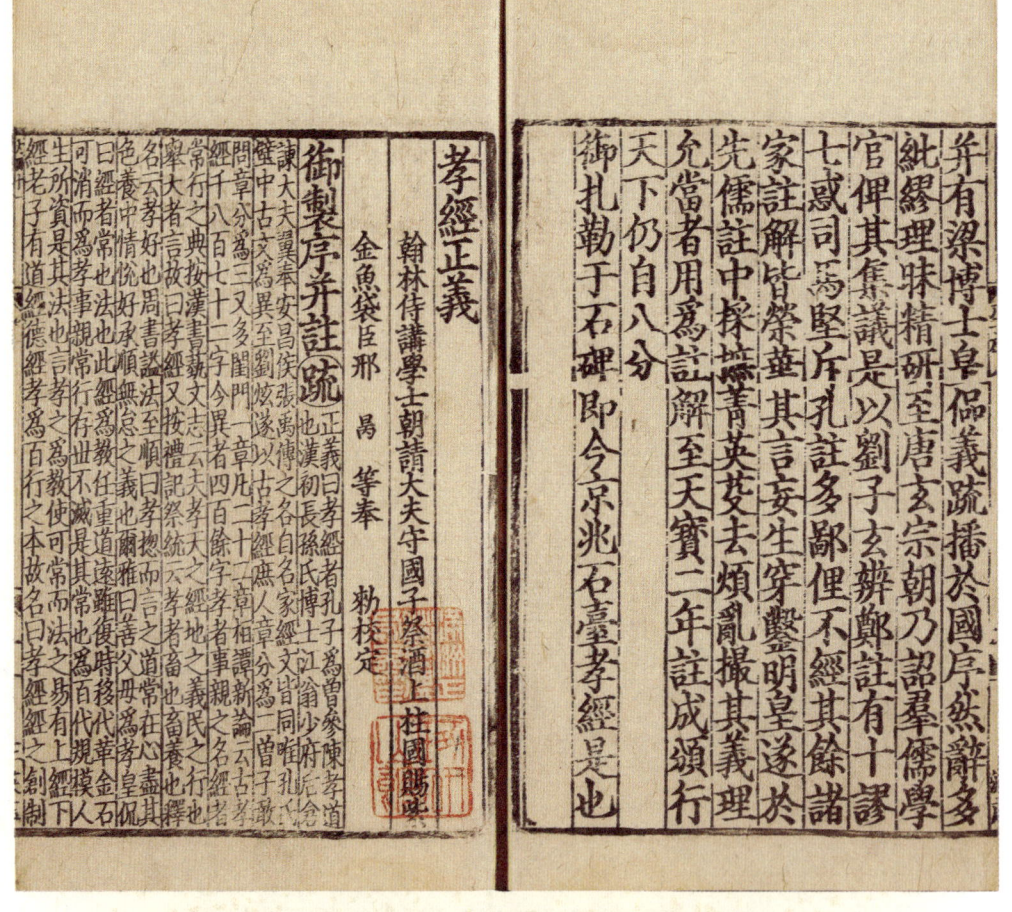

孝经注疏九卷　（唐）唐玄宗李隆基注　（宋）邢昺疏
元泰定三年（1326）刻本　国家图书馆藏

本书凡例

一、《孝经》（今文经）原文，以清嘉庆二十年（1815）阮元《重刊宋本孝经注疏》（《十三经注疏》[清嘉庆刊本]，中华书局 2009 年影印）为底本。

二、《今文孝经》全文（含章题）1903 字，总分十八章，本书为其全文解读本。

三、本书正文包括导读、原典、注释、点评四个部分。

四、本书一律采用简化汉字，原文中的异体字、俗体字，一般皆改为规范简化字。

五、为方便阅读理解，解读者将正文各章略加分节。

六、《孝经》内含丰富深奥，历代注释者极多，而分歧意见亦多有所见。本解读以通俗普及为宗旨，又要尽可能揭示其真谛，故而必要时进行了一些学术考辨。注释以郑玄注、唐玄宗注、邢昺疏为主，兼采敦煌卷子、西夏文本以及汉唐至明清诸家注说，尽可能追踪原始，排除错误，择善而从。个别歧见较大者，则加以考辨，以略申解己见。

七、古人称《孝经》为六经总汇，意为其内容涵盖了六经的精华。考虑到这一点，解读在以通俗语言释文释句和疏通大义的同时，亦杂引诸说，包括先秦两汉和后代名家议论，尤其是道德文化的论说和规范，以深化其文化内涵，为研究者提供必要的参照材料，增加一般读者的有关文化知识。

八、为使读者更多地理解《孝经》版本、宗旨及其流绪，本书特设附录。其内容有二：一为《古文孝经》，系以文渊阁《四库全书》所附《古文孝经（宋本）》二十二章为正本，将其与范祖禹书《古文孝经》、司马光《古文孝经指解》、《知不足斋丛书》本《古文孝经孔氏传》及阮元校刻《十三经注疏》之《今文孝经》进行对勘，以使读者明了现今流传诸种《古文孝经》情形及其与今文本之差异。二为历代重要序跋。各序跋按其年代的先后排列。这些序跋实际上是不同时代的人对《孝经》诸多方面的研究和阐述，对我们阅读、理解和研究《孝经》有很重要的价值。

目　录

附　录

主要参考文献

导　读

在中国传统文化中，对国民影响最大的无疑是孝这一家庭伦理行为规范。托始于孔子的《孝经》，以简要通俗的文字，阐述儒家视为一切道德根本的孝道，并提出以孝治国的命题，古代学者将其称作儒家六经的总汇[1]。作为孝道思想基础和行为指导的《孝经》，受到历代统治者和学者的重视，先后有魏文侯、晋武帝、梁武帝、梁简文帝、梁元帝、唐玄宗、清世祖、清圣祖、清世宗等帝王君主和数百位学者为该书作注解释义和研究，影响深远。

一、孝道和《孝经》

简单说，《孝经》就是孝道的经典。但要认真抠起来，其中的问题很多。例如，什么是孝？什么是经？该书何以称为《孝经》，而不称为《孝论》《孝说》《孝学》等等，都是需要辨明的。

　　孝，是中国古代子女善待父母长辈的家庭伦理道德行为的称谓。一般人以为孝就是赡养父母，其实这是片面的。孔子在《论语·为政》中说："今之孝者，是谓能养。至于犬马，皆能有养，不敬，何以别乎？"[2]孔子给孝赋予了崇敬父母的内容，以便与一般动物的赡养父母相区别。孔子的后学，更对孝进行了全面的阐释。在《礼记·祭义》中，曾参说："孝有三，大孝尊亲，其次弗辱，其下能养。"这样，所谓孝有三等：最上是尊亲，即爱戴和崇敬父母，立身行道以扬名显亲和传宗接代；其次是不辱，即不亏身体，不辱自身，不使父母名声受侮辱和为亲复仇；最后是养亲，即养口体，侍疾病，顺其意，乐其心，重其丧。

　　作为道德观念的孝，是原始先民生殖崇拜和祖先崇拜的发展。大约在一万年前，中华大地的许多地方已经开始了农业生产，并逐渐形成了农业社会。在生产力落后的条件下，从事农业生产必须有足够的劳动力，从而造成了华夏先民很早就有了生殖崇拜，以祈求人类自身繁衍能力的加强。另外，从事农业劳动，必须有丰富的经验和技能，这就造成了先民对家族中年长者的尊敬，因为年长者有很丰富的劳动经验和高明的技术。而在老人死后仍继续这种崇敬，就成为祖先崇拜。《尚书·尧典》中记载四岳推荐虞舜担任帝尧的继承人，说他是"瞽子。父顽，母嚚，象傲，克谐以孝，烝烝乂（yì，治理，安定），不格奸"。意思是说，他是一个瞎子的儿子，父亲固执，母亲放肆，弟弟傲慢，他却能以孝道使得家庭安定和睦，不至于出乱子。据说，帝尧任命虞舜协调人伦关系，引导民间父义、母慈、兄友、弟恭、子孝。当然，《尧典》产生的时间较晚，但其反映了"公天下"时选人重视其人伦道德，却是可以肯定的。

　　孝的概念可能产生于启建夏朝时。唐陆德明《经典释文·孝经音义》引郑玄对"先王有至德要道"中"先王"的解释"禹三王最先者"，陆氏按语："五帝官天下，三王禹始传于子，于殷配天，故为孝教之始，王谓文王也。"[3]我们知道，从启开始，"公天下"的传位制度，被父传子、子传孙的"家天下"代替，这种制度要求以父权为中心的家庭稳定，而孝就是这种巩固家庭、稳定秩序的道德观念，于是孝的概念就产生了。

据台湾高笏之先生说，"孝"字的创造当在西周初年。在殷商甲骨文中没有"孝"字，仅五期金476发现一个字，学者识读为"孝"字，该字与"畕"字连用（孝畕），学者释该字是借用作地名。[4] 也就是说，在殷商文字中尚未发现真正意义上的孝字。西周金文中的孝字有多个，最早是西周恭王时史墙盘铭中第15行第9字的字，上下结构，上为老字省笔"耂"，下为"子"。陈铁凡言："孝字初谊原为'子（少小者）之扶老'，无与于事亲。"[5]《说文解字》释"孝，善事父母者，从老省，从子，子承老也"[6]。在其中突出"善事父母"之义。《尚书》中比较可靠的《周书》，在六篇文献中出现了七个"孝"字，其中年代最早的，是《微子之命》和《康诰》。二文皆系成王初，平定管、蔡之乱后，封微子启于宋（都商丘），封康叔于卫（都朝歌，今河南淇县），摄政周公对二人的命诰之辞。我们知道，在早期儒家心目中，周公旦是周朝文化制度的开创者，而周文化最突出的就是以血缘为纽带的宗法思想，周公将其制度化，以孝作为维护宗法制度进而稳定王朝政治的重要手段，故而在给微子和康叔的命诰辞中，首先强调的就是"孝"。"孝"成为周人大封同姓和异姓，以姬、姜宗族同盟控制全境的道德准则。

春秋战国时代，儒家、道家、墨家、纵横家、法家、杂家程度不同地都讲孝道。墨家提出"孝，利亲也"，又说："臣者之不忠也，父者之不慈也，子者之不孝也，此又天下之害也。""君子莫若欲为惠君、忠臣、慈父、孝子、友兄、悌弟，当若兼之不可不行也，此圣王之道，而万民之大利也。"[7] 道家虽然反对儒家伦理道德的说教，却仍然提倡孝行，在《老子》中提出"六亲不和，有孝慈；国家昏乱，有忠臣"。"绝仁弃义，民复孝慈。"[8] 纵横家也以孝道作为其主张之一，蔡泽对应侯言："主圣臣贤，天下之福也；君明臣忠，国之福也；父慈子孝、夫信妇贞，家之福也。是有忠臣孝子，国家灭乱。"苏秦对楚王说："孝子之于亲也，爱之以心，事之以财。"[9]甚至法家也认定孝为治国利器，《管子》言："孝弟者，仁之祖也。忠信者，交之庆也。内不考孝弟，外不正忠信，泽其四经而诵学者，是亡其身者也。"[10]韩非言："臣事君，子事父，妻事夫，三者顺则天下治，三者逆则天下乱。此天下之常道也，明王贤臣而弗易也。"[11]杂家说："务本莫贵于孝。人主孝则名章荣，下服听，天下誉。人臣孝则事君忠，处官廉，临难死。士民孝则耕芸疾，守战固，不罢北。夫孝，三皇五帝之本务，而万事之纪也。"[12]可见，在秦统一以前，孝已成为当时诸家公认的一种道德观念。最为突出的是儒家，将孝提到了非常高的位置，称"夫孝，天之经也，地之义也，民之行也"[13]。春秋后期的孔子综合三代以来思想文化的精髓，寻求挽救世风颓废、礼乐崩坏的方法，创立了以仁为核心的儒家学说。他重视并承述了周代传统的孝行观，仅在《论语》中就十九次论说孝，弟子有子总结孔子的孝道思想言："君子务本，本立而道生，孝弟也者，其为仁之本与！"[14]认为孝悌是人间伦常的根本，将其播送于普通人之中，使孝升华为政治思想理论和行为准则的孝道，成为儒家思想的核心内容。徐复观先生总结孔子对孝的贡献：一是将孝从适应父子相传的宗法政治制度，变成所有人必须遵循的起码的行为准则；二是将孝从稳定家庭秩序，转化为每个人内心的天性之爱和不能自已的自然流露；三是将孝从每个人都能做到的寻常的善事父母的行为，变成通向人生最高原理的"仁之本"。[15]子思和孟子继承并扩大了孔子的孝道观，孟子彰扬舜这一孝行的最高典范，认为孝是超越一切外在世界的德性的最高表现，显露出人格的无限尊严，将孝与其反专制、反独裁的"仁政"思想相结合，提出"谨庠序之教，申之以孝悌之义，颁白者不负戴于道路矣。七十者衣帛食肉，黎民不饥不寒，然而不王者，未之有也"[16]。从而最终成就了儒家孝道、孝治的深刻内涵。在汉武帝"罢黜百家，表章《六经》"[17]以后，孝道正式成为统治者教化的根本和治国的利器，并随着历史的发展日渐深入人心，成为一种民族道德观点和文化心理，而历久常新地沉淀了下来。

《孝经》是儒家阐述其孝道和孝治观的一部著作。我们知道，先秦时儒家的六部经典《诗》《书》《易》《礼》《春秋》《乐》皆不称"经"，为什么唯独《孝经》以"经"为名呢？所谓经，本来指织布时拴在织机上的竖纱，编织物的纵线。与纬（横线）相对。没有经线就无法造成布帛，而且在织布时，经线始终不动，只有纬线在不停地穿插于经线之中。因而经就有了纲领的意思，有了常的意思，有了根本原则的意思。《释名·释典艺》言："经，径也，常典也。如径路无所不通，可常用也。"[18]以此推之于社会，要实现国家的治理，有千头万绪，必须为之建立纲领，行事才有条理和规矩，所以将治理天下称为"经纶天下"。如《周礼·天官大宰》言："以经邦国，以治官府，以纪万民。"以此推之于人的行为，如果没有一条贯通的道德标准原则，人们就不知道如何去做，因而当时将圣哲者阐述其基本思想理论，可以垂训天下的书籍称为经。如《国语·吴语》中有"十行一嬖大夫，建旌提鼓，挟经秉枹"[19]，称兵书为经。甘公和石申的天文学著作合编，称为《甘石星经》。相传的古医书，称《内经》《难经》。墨子自著之《墨经》中有"经上""经下""经说上""经说下"诸篇名。先秦诸家在学术上互相驳难，亦相互浸染。在这种情况下，儒家将自己关于孝的著作称为《孝经》，也就不足为奇了。

对《孝经》的命名，前人多有诠释。班固《汉书·艺文志》孝经类小序言："夫孝，天之经，地之义，民之行也。举大者言，故曰《孝经》。"敦煌本郑氏序言："夫孝者，盖三才之经纬，五行之纲纪。若无孝，则三才不成，五行僭序。是以在天则曰至德，在地则曰敏德，施之于人则曰孝德。故下文言'夫孝者，天之经，地之义，人之行'，三德同体而异名，盖孝之殊途。经者，不易之称，故曰《孝经》。"[20]由此说来，《孝经》之"经"字，是指孝为贯通天地人三者的一种大经纬大道理，是做人的准则和行为规范，也是人们如何具体行孝的方法说教。

《孝经》有今文本和古文本的不同。本书所用原典底本，为清阮元校勘的唐玄宗"御注"的《今文孝经》十八章本。《孝经》十八章，大体可分为六个部分：第一章《开宗明义章》，是全书的总纲，概述孝的宗旨和根本，阐明孝道是做人的最高道德，是治理天下最好的手段。第二章至第六章，分别论说天子、诸侯、卿大夫、士、庶人这五种贵贱不同者孝行的不同要求，统称为"五孝"。第七章至第九章，阐述孝道对政治的意义和作用，是该书孝治观的主要部分。第十章和第十一章，进一步从正反两方面论说如何行孝。第十二章至第十四章，是对第一章中的三句话的进一步阐述，论说君主如何利用孝道治理国家、感化民众。第十五章至第十八章，论述行孝道的几个具体做法，包括事父、事君时要敢于谏争，在办理父母丧事和祭祀时应有的表现和具体做法，以作为孝论的总结。

二、《孝经》的成书与作者

先秦及至西汉的作品，许多不标作者。儒家五经皆未言作者，先秦诸子虽标为某子，实际上并不一定系该人所著，而往往是其弟子或后人编成。例如《商君书》，书名已说是商鞅的作品，但是书中却写了商鞅的逃亡和被处死，显然不完全是商鞅著述。此种风气，流行甚久。以至秦始皇读了《孤愤》《五蠹》，叹道："嗟乎，寡人得见此人与之游，死不恨矣！"在旁同为法家的李斯进言："此韩非之所著书也。"[21]汉武帝特别赞赏《子虚赋》，言："朕独不得与此人同时哉！"其狗监蜀人杨得意说："臣邑人司马相如自言为此赋。"[22]幸得有知己者揭破，韩非、司马相如的著作权才赖以坐实。而绝大部分未标作者的先秦至西汉著述，则在汉以后费了考据家的颇大精力，被一一考证，而异说纷呈。

《孝经》的文字是以孔子向弟子曾参讲述孝、孝道和孝治展开的，其思想应该与孔子及其后学有相当关系。但将孔子及其后学的讲述形诸文字（《孝经》）的究竟是谁，自汉以来说法很多，聚讼不已，从而其成书时间也异说纷呈。总结历代学者意见，大体有孔子说、曾参说、孔子弟子说、曾参弟子乐正子春或子思说、孟子弟子说、汉人伪作说等。

一、孔子说。何休称："昔者子曰'吾志在《春秋》，行在《孝经》'。"[23] 似言孔子自著《孝经》。汉代纬书《孝经钩命决》言："子曰：吾作《孝经》，以素王无爵之赏，斧钺之诛，与先王以托权，首'至德要道'以题行。"另一纬书《孝经中契》曰："丘著《孝经》，文成道立，齐以白天，则玄云踊北，紫宫开北门，角元星北落，司命天使书题号《孝经》篇。"[24] 皆云孔子撰《孝经》。班固和《隋志》承继此说，班氏在《白虎通义·五经》中称，孔子"已作《春秋》，复作《孝经》何？欲专制正"[25]。《隋书·经籍志》言："孔子既叙六经，题目不同，指意差别，恐斯道离散，故作《孝经》以总会之，明其枝流虽分，本萌于孝者也。"[26] 纬书虽在古代屡屡被禁，《白虎通义》及《隋志》却为学人尊崇，由此，孔子撰《孝经》说影响最大，历代都有许多学者赞同。

二、曾参说。传为孔安国《古文孝经序》言："唯曾参躬行匹夫之孝，而未达天子、诸侯以下扬名显亲之事，因侍坐而咨问焉。故夫子告其谊，于是曾子喟然知孝之为大也，遂集而录之，名曰《孝经》，与五经并行于世。"[27] 司马迁《史记》载："曾参，南武城人，字子舆，少孔子四十六岁。孔子以为能通孝道，故授之业。作《孝经》。"[28] 皆指《孝经》为曾参所作。这种说法影响很大，以后很多学者都持此说，如元熊禾言："孔门之学，唯曾氏得其宗。曾氏之书有二，曰《大学》，曰《孝经》。"[29]

三、孔子弟子说。东汉郑玄（127—200）说："唯有弟子曾参有至孝之性，（孔子）故因闲居之中，为说孝之大理。弟子录之，名曰《孝经》。"[30] 宋司马光云："圣人言则为经，动则为法。故孔子与曾参论孝，而门人书之，谓之《孝经》。"[31]明确提出《孝经》是孔子的弟子门生当时所记录。宋唐仲友赞同此说，言："孔子为曾参言孝道，门人录之为书，谓之《孝经》。"[32]清毛奇龄《孝经问》阐述了孔子弟子著《孝经》说的理由，言："旧谓《孝经》夫子所作，以授曾子；又谓夫子口授曾子，俱无此事。此仍是春秋战国间七十子之徒所作，稍后于《论语》，而与《大学》《中庸》《孔子闲居》《仲尼燕居》《坊记》《表记》诸篇同时，如出一手。故每说一章，必有引经数语以为证，此篇定例也。"[33]近年台湾学者陈铁凡亦主此说，称：《孝经》"成书约与《学》《庸》时代相当"，"《中庸》言'斯'者一，言'此'者八。《孝经》言'此'者八，无一'斯'字。准此以言，《孝经》之成书，当与《大学》《中庸》时代相当。《四库总目》所谓'去二戴所录为近者'，其庶几乎。大戴中以'曾子'名篇者十，言'不敢'者十有八。《孝经》十八篇中，言'不敢'者九，《曾子》作者与作《学》《庸》者亦相侔，此又一佐证，要皆为'七十子徒之遗书'欤"[34]。

四、曾参弟子乐正子春或子思说。南宋胡寅曰："《孝经》非曾子所自为也，曾子问孝于仲尼，退而与门弟子言之，门弟子类而成书。"[35]唐柳宗元撰《论语辩（上篇）》，说："吾意曾子弟子之为之也，何哉？且是书载弟子必以字，独曾子、有子不然，由是言之，弟子之号之也。今所记独曾子最后死，余是以知之，盖乐正子春、子思之徒与为之尔，或曰孔子弟子尝杂记其言，然而卒成其书者曾氏之徒也。"[36]认为曾参弟子乐正子春和子思更相为《论语》一书。南宋晁公武《郡斋读书志》讨论《孝经》时，引柳氏之论，继言："余于《孝经》亦云。"[37]就是说，《孝经》作者是曾参的弟子，更具体说，是乐正子春或子思。宋冯椅明指《孝经》是曾参弟子、孔子之孙子思所著，言："子思作《中庸》，追述其祖之语，乃称字。是书（指《孝经》）当成于子思之手。"[38]

五、孟子弟子说。近人王正己《孝经今考》言："《孝经》究竟是何时成书的？我以为是在战国末年，其年限早不过庄子的时代，晚亦不出

《吕氏春秋》的成书时代。""总之《孝经》的内容，很接近孟子的思想，所以《孝经》大概可以断定是孟子门弟子所著的。"[39]

六、汉儒伪作说。宋朱熹道："《孝经》相传已久，盖出于汉初左氏未盛行之时，不知何世何人为之也。""《孝经》独篇首六七章为本经，其后为传文，然皆齐鲁间陋儒，纂取《左氏》、诸书之语为之，至有全然不成文理处，传者又颇失其次第，殊非《中庸》《大学》二传之俦也。"[40]认为《孝经》仅"开宗明义章"至"庶人章"为真，其余皆是齐鲁间儒者杂抄《左传》及其他著述附会而成。明吴廷翰认为："《孝经》一书，多非孔子之言，出于汉儒附会无疑。朱子《刊误》虽未必尽然，然比旧本文义为明顺。《孝经·丧亲章》谓'教民无以死伤生，示民有终'，与'卜其宅兆''为之宗庙'，真圣人遗言。故朱子以为语极精约。然未必出于孔氏也。"[41]认为《孝经》是汉儒附会而成，且认为朱子所定为真书的前六七章亦未必全出自孔子。今人黄云眉以更大篇幅，总结历代学者对《孝经》的质疑，断为汉人所作，言："此书内容，甚不足观，其作期必在《戴记》后。……然则此书之为汉人伪托，灼然可知。"[42]今人徐复观更将《孝经》明确定为西汉武帝末年所伪造，云："我综合这些人的说法，再作进一步的考查，判定它是西汉武帝末年，由浅陋妄人为了适应西汉的政治要求、社会要求，所伪造而成，它的内容疏谬，不能与《礼记》任何一篇相比拟。伪造出来之后，经过西汉末、东汉初纬说的造谣渲染，而始在东汉光武与明帝时代取得了重要地位。在武帝以前的文献，凡有关《孝经》的称述，都是后人追加上去的。"[43]

七、汉晋诸儒伪作说。清杨椿《读孝经》篇言："余读《孝经》，知非孔氏全书，盖汉、晋诸儒剽窃为之者也。其中明言至理颇多，游辞晦语，浮而不实，泛而不切者亦有之。"[44]将《孝经》作者推到至晚的晋朝。

从上述诸论中我们可以发现，该书的作者与其成书年代是紧密联系在一起的。

　　成书于秦王政六年（前 241）的《吕氏春秋》，几次征引《孝经》的文字。其《孝行览》有"故爱其亲，不敢恶人；敬其亲，不敢慢人。爱敬尽于事亲，光耀加于百姓，究于四海，此天子之孝也"。与《孝经·天子章》"爱亲者，不敢恶于人；敬亲者，不敢慢于人。爱敬尽于事亲，而德教加于百姓，刑于四海。盖天子之孝也"比较，二者除个别文字差异外，基本相同。其《先识览·察微》篇言："《孝经》曰：'高而不危，所以长守贵也；满而不溢，所以长守富也。富贵不离其身，然后能保其社稷，而和其民人。'"明确其引自《孝经》，以之与《孝经·诸侯章》比较，文字完全相同。清代学者汪中言："《孝行》《察微》二篇并引《孝经》，则《孝经》为先秦之书，明。"[45] 既然如此，则《孝经》最迟撰成于公元前 241 年，汉儒、晋儒伪撰说是根本站不住脚的。

　　在《吕氏春秋》之前，魏文侯著有《孝经传》，但该书久已亡佚。东汉蔡邕《明堂月令论》云："魏文侯《孝经传》曰：太学者，中学明堂之位也。"[46] 古称注释为"传"，犹"转"义，如《春秋左氏传》之类。显然，蔡邕所引魏文侯《孝经传》句是对《孝经·圣治章》"宗祀文王于明堂以配上帝"句中"明堂"一词的注释。《汉书·艺文志》"孝经类"著录有《杂传》四篇[47]，宋王应麟《汉书艺文志考证》卷四言："蔡邕《明堂论》引魏文侯《孝经传》，盖《杂传》之一也。"清王谟、马国翰各辑有魏文侯《孝经传》一卷，分别收于《汉魏遗书抄》《玉函山房辑佚书》中。汉唐人的著作对魏文侯《孝经传》多有引述。[48] 可见，魏文侯撰《孝经传》乃为不争之事实。魏文侯名斯（一名"都"），为三家分晋后的魏国君主，《史记·魏世家》说他在位三十八年，陈梦家、杨宽等据《竹书纪年》考定其生卒年代为前 445—前 408 年，而《世本》云其在位五十一年（前 445—前 396）。魏文侯礼贤下士，任用李悝、翟璜、吴起、乐羊、西门豹等人改革政治，发展经济，使魏国在战国初年最为强盛。当时，诸侯争相攻战，唯魏文侯好学，他曾向孔子弟子卜子夏（前

507—？）学习经艺，又以子贡弟子田子方和子夏弟子段干木为师，《汉书·艺文志》"诸子略·儒家类"，著录有"《魏文侯》六篇"，即其曾著书的证明。既然魏文侯能为《孝经》作注，则《孝经》的成书时间最迟也应在公元前396年。而孟子约生于公元前372年，逝于公元前289年，其弟子一般应比他的年龄为轻，多生于魏文侯之后数十年。故孟子弟子作《孝经》说，当不能成立。

　　我们举了魏文侯注《孝经》、《吕氏春秋》引《孝经》之例，论证《孝经》最迟到公元前396年已经成书。但是徐复观先生为了证成其汉武帝末年儒生伪作《孝经》说，断言"在武帝以前的文献，凡有关《孝经》的称述，都是后人追加上去的"，说法未免过于武断。魏文侯《孝经传》隋以前已佚，我们难以定夺其真伪。但《吕氏春秋》为秦火未禁之书，在汉武帝末年，造伪者要想将广泛流行的《吕氏春秋》多处添加引用《孝经》的文字，又怎么掩人耳目而不被人揭破？

　　那么，孔子是《孝经》的作者吗？孔子言："述而不作，信而好古，窃比于我老彭。"[49] 郑重声明，自己相信和喜爱古代文化，但只是对其阐述，并不创作。故而司马迁总结，孔子"序《书传》"、选编《诗》、"喜《易》，序《彖》《系》《象》《说卦》《文言》"、将鲁史改编为《春秋》，[50] 只是整理三代文化遗存，没有一部独立创作的著述。至于研究孔子思想最权威的《论语》，也是其弟子及再传弟子编撰而成的，更证实了孔子"述而不作"的声明。何况，《孝经》首章言："仲尼居，曾子侍。子曰：'先王有至德要道，以顺天下，民用和睦，上下无怨。汝知之乎？'"明显是孔子当面向曾参讲述孝道，很难说孔子撰作了《孝经》。

　　再者，研究《孝经》中的人名称谓，也是解决其作者问题的途径之一。古代著作对人的称谓十分重视，称名，称字，称君，称子，各有不同。何况孔子是史家书法的始作俑者，其本人、弟子或后人对此绝不敢含糊。《孝经》中关于具体人的称呼，仅有称孔子的"仲尼""子（曰）"，称曾参的"曾子""参"。仲尼为孔子的字。《仪礼》言："冠而字之，敬其名也。"[51]字是供他人称呼以示敬重的别名。既然《孝经》中称孔子之字，就否定了孔子作《孝经》的推测。再说书中多次出现"子曰"的说法，"子曰"者，犹"（孔）先生说"。其"子"当是弟子门人对孔子的敬称。查《十三经》中，出现有千百次"子曰"，皆是在各种场合下孔子（或托为孔子）言论的标识，无法找到孔子用"子曰"来称呼自己言辞的。故而，"子曰"二字，不能成为孔子作《孝经》的证据。

至于《孝经》中"曾子"一词，当然是对曾参的敬称。查阅《论语》各章，孔子对其弟子的称谓，都是称名。如，称子贡为"赐"，称颜回为"回"，称仲由为"由"，称子夏为"商"，称曾参为"参"，无一例外。若《孝经》真是孔子所作，他怎么可能竟然以弟子称呼老师的口吻称自己的学生曾参为"曾子"？由上，可以肯定，《孝经》应非孔子自作，同时也可以否定曾参作《孝经》说。既然"子者，人之贵称"[52]，曾参就不可能在自己的著作中自美为"曾子"，而应该自称名，以示谦抑。如《开章明义章》中"曾子避席曰：'参不敏，何足以知之？'"此"参"字，就是曾参在回答孔子问话时的自称。古代有讳名的习惯，即不可直呼尊者敬者之名。但是在尊者敬者同辈面前，却应自称己名，以示谦恭。此例即如此。总之，从书中作者称孔子为"仲尼""子"，称曾参为"曾子"看，其撰者有可能是孔子门人或者曾参弟子。

《汉书·艺文志》收有《曾子》十八篇。后来只剩十篇，就是收入《大戴礼记》卷四、卷五的《曾子》十篇，其中"曾子本孝""曾子立孝""曾子大孝""曾子事父母"四篇，都是论孝道的。曾参既已如此论孝，或不必重床迭架地另著《孝经》。

上文已列宋人胡寅明指《孝经》系曾参弟子所撰，晁公武也认为系曾氏之徒所成，更确指系曾参弟子乐正子春或子思所撰，冯椅则肯定《孝经》当成于子思之手。下边我们就来讨论曾参这二位弟子是否是《孝经》

撰者。

乐正子春是一位学问德行皆佳的孔门后学，其事迹在《礼记》之"檀弓""祭义"、《公羊传》昭公十九年、《韩非子》等书都有著录，有学者称乐正子春是曾子弟子孝道派的代表人物。《礼记·檀弓》载，曾子病重时，乐正子春是唯一守护在身边的弟子，可见其在诸弟子中的突出地位。《韩非子·说林》记载，齐人讨伐鲁国，向其索要谗鼎。鲁国拿了一只赝鼎前去，齐人说是假的，鲁人坚持是真的。齐人说，让乐正子春来，我就相信你。鲁君请乐正子春前去。乐正子春问，为何不将真鼎拿去。鲁君回答："我爱之。"乐正子春遂拒绝前去，曰："臣亦爱臣之信"。这个故事说明乐正子春的诚信在诸侯各国都极著名。《公羊传》昭公十九年，以乐正子春精心侍奉生病亲人的孝行来反衬许世子止在许悼公病重时未尽孝道，说"乐正子春之视疾也，复加一饭则脱然愈，复损一饭则脱然愈；复加一衣则脱然愈，复损一衣则脱然愈"。显然，当时人将乐正子春视作大孝的楷模。《礼记·檀弓》载，母亲去世后，乐正子春"五日而不食"，说："吾悔之，自吾母而不得吾情，吾恶乎用吾情？"《礼记·祭义》中，有乐正子春因伤足数月不出，仍担忧自己忘孝之道的记载。乐正子春对弟子说："吾闻诸曾子，曾子闻诸夫子曰：'天之所生，地之所养，无人为大。父母全而生之，子全而归之，可谓孝矣。不亏其体，不辱其身，可谓全矣。'故君子顷步而弗敢忘孝也。今予忘孝之道，予是以有忧色也。壹举足而不敢忘父母，壹出言而不敢忘父母。壹举足而不敢忘父母，是故道而不径、舟而不游，不敢以先父母之遗体行殆。壹出言而不敢忘父母，是故恶言不出于口，忿言不反于身，不辱其身，不羞其亲，可谓孝矣。"[53] 说明曾子曾经对乐正子春讲授孔子所传的孝道，其内容完整地阐述了《孝经》中"身体发肤，受之父母，不敢毁伤"的思想。学者研究，乐正子春曾参与《论语》和《曾子》的撰述。由此，晁公武认为，作为曾子的大弟子、孔子孝道的再传者，乐正子春参与或亲撰《孝经》，就有很大可能了。

那么，宋人冯椅推测子思作《孝经》，有道理吗？作为孔子长孙的子思，曾亲炙孔子，又从曾参问学，是儒家学派的重要传人。《史记·孔子世家》言："伯鱼生伋，字子思，年六十二。尝困于宋。子思作《中庸》。"[54]《史记》所言子思年龄有误，梁玉绳《史记志疑》考订，子思当享年八十二岁。[55]《汉书·艺文志》"诸子略·儒家类"有《子思》二十三篇，班氏自注，称子思为鲁国第十五任国君鲁穆公之师。鲁穆公于公元前409—前377年在位。《子思》一书久已佚失。查今传（小戴）《礼记》有多处引子思引述孔子论孝道之言。如《坊记》载："子云，善则称亲，过则称己，则民作孝。""子云，从命不忿，微谏不倦，劳而不怨，可谓孝矣。""子云，小人皆能养其亲，君子不敬，何以辨？""子云，长民者，朝廷敬老，则民作孝。""子云，祭祀之有尸也，宗庙之有主也。示民有事也。修宗庙，敬祀事，教民追孝也。""子云，孝以事君，弟以事长，示民不贰也。丧父三年，丧君三年，示民不疑也。"《中庸》载："子曰，舜其大孝也与？德为圣人，尊为天子，富有四海之内，宗庙飨之，子孙保之。""周公成文、武之德，追王大王、王季，上祀先公以天子之礼。""子曰，武王、周公，其达孝矣乎！夫孝者，善继人之志，善述人之事者矣。爱其所亲，事死如事生，事亡如事存，孝之至矣。"《表记》载："子言之，君子之所谓仁者，其难乎！《诗》云：'凯弟君子，民之父母。'凯以强教之，弟以悦安之，乐而毋荒，有礼而亲，威庄而安，孝慈而敬，使民有父之尊，有母之亲，如此而后可以为民父母矣。非至德，其孰能如此乎！"[56]皆与《孝经》有相近相似之处，或可与《孝经》相发明。在如此的学术传承之下，子思完全有可能追述其祖孔子的孝道思想，依据其师曾参的亲自传授，再加上自己的发挥，撰作《孝经》。总之，无论从时间上、传授上，还是从思想上，子思都可能是《孝经》的作者。子思的年龄大体与魏文侯相当，而逝世于其前数年。由于魏文侯有尊贤之名，子夏等人都在魏受到厚遇，子思就有可能到过魏都安邑，其本人或弟子向魏文侯讲说《孝经》的可能性极大，故而魏文侯为《孝经》作注，就不足为怪了。而在当时，该书从撰成到向魏文侯传授，再到魏文侯为其作注，当需一定时日。故而，子思撰写《孝经》可能在魏文侯逝世之前十年以上，即公元前 400 年以前。

通过以上考论，我们认为《孝经》可能是曾参弟子乐正子春或子思（孔子之孙，名孔伋）于公元前 400 年以前形诸文字的。

陈铁凡研究《孝经》撰作，有五条断语，即"（一）《孝经》为先秦旧籍""（二）《孝经》为孔门之学""（三）主名不必求""（四）羼乱不必讳""（五）成书约与《学》《庸》时代相当"[57]，我们都很赞同，我们只是从另一途径论证了其成书的时间，以及指实了其可能的作者罢了。

三、《孝经》今古文及郑注、孔传之争

《孝经》本来只有一种，但在秦焚书后，西汉重新流传时，就出现了今文和古文两种不同的本子。于是和其他先秦儒家经典一样，有了《孝经》今文和古文之争。

秦始皇焚书，给中国文化典籍的传承造成极坏的影响，许多先秦古籍，因为焚书和藏书之禁而被毁灭或遭散乱。《孝经》亦在禁书之列，但事前或当时有人冒着生命危险将其收藏。汉惠帝四年（前 191）废除禁止挟书的律令，儒生重又在民间传授儒家经籍。据说河间（今河北献县东南）人颜芝收藏的《孝经》，由其子颜贞传出，共十八章。河间献王刘德将此书献于朝廷，遂为学者用以授业。为了传授方便，学者将该《孝经》用当时通行的隶书体书写，后人称之为《今文孝经》。汉文帝倡导儒学，设置供顾问和传授弟子的博士七十余人，就包括《孝经》博士。

汉武帝时经学得到更大的发展。当时以传授《今文孝经》名家的，有长孙氏、博士江翁、少府后仓、谏议大夫翼奉、安昌侯张禹等人。

汉景帝的儿子刘余分封于鲁，称鲁恭王。他为了扩大宫室，拆毁了孔子故宅，在一堵旧墙中发现了一批古竹简书，据说包括《尚书》《左传》《论语》《孝经》、逸礼等，大概是先秦或者秦焚书时孔家人藏起来的。鲁恭王将这批古书送还孔家。著名学者、侍中孔安国对这些竹简书进行了整理研究，发现此《孝经》与通行的《今文孝经》不完全相同，总共有二十二章。除了将今文中的两章分割为五章以外，还多出了《闺门》一章。由于该《孝经》是用先秦籀文（当时称为蝌蚪文）写成的，与汉代通行的隶书体大不相同，故而后来称之为《古文孝经》。据说孔安国为该书作了传注，并且由鲁三老孔子惠将其献于天子。由于当时《今文孝经》已列为官学，研习者有利可图，故而他们反对将诸古文列入官学。《古文孝经》始终深藏中秘，而未得外传。

西汉成帝时，宗室刘向奉命主持整理中秘藏书。他发现除通行的《今文孝经》外，另有《古文孝经》，故而在《别录》中记载，《孝经》"古文字也。《庶人章》分为二也，《曾子敢问章》为三，又多一章，凡二十二章"[58]。遂以《今文孝经》为主本，用《古文孝经》对其进行了整理删削，定为十八章，而通行于世。接替刘向主持中秘藏书整理的其子刘歆所撰目录书《七略》，专门在"六艺略"中列"孝经"一类，收入《孝经古孔氏》一篇，二十二章，即相传为孔安国作注的《古文孝经》，又收入《孝经》一篇，十八章，有长孙氏、江氏、后氏、翼氏四家，这是《今文孝经》。哀帝时，刘歆提出要立《左氏春秋》、毛诗、逸礼、《古文尚书》等古文经于学官，哀帝令刘歆与五经博士讲论其义，两派意见相左，党同伐异，刘歆因得罪权贵太多，被排挤出京师。东汉时，今、古文《孝经》并为学者所习。《今文孝经》有桓谭、卫宏、许慎、郑众的注，《古文孝经》则有马融的传，但马传或未传世。最有影响的是经

学家郑玄，他参用今古文《孝经》，作《孝经》郑氏注一卷。《大唐新语》
录有"仆避难于南城山，栖迟岩石之下，念昔先人，余暇述夫子之志，
而注《孝经》"[59]之郑氏《自序》片段，故而古代有学者认为《今文孝
经注》可能是郑玄之孙郑小同所作。这就是西汉今古文《孝经》源流的
大概情况。

　　魏晋南北朝时，今古文《孝经》并行于世，梁武帝将《孝经》孔注
古文和郑注今文都立于国学，《孝经》注疏和研究的著述逾六十种，虽
然其中绝大部分佚失，但仍可确定梁刘昭《孝经》注是专门注释《古文
孝经》的。皇侃，或作皇偘，吴郡（今江苏苏州）人，梁博士、员外散
骑常侍，"性至孝，日诵《孝经》二十遍，以拟观世音经"[60]，撰有《孝
经义疏》三卷，在《孝经》学中贡献突出。梁简文帝即位，出现侯景之乱。
在江陵即位的梁元帝萧绎，平定侯景之乱，将建康（今江苏南京）的藏
书都运至江陵，总数达十四万卷。公元 554 年，西魏军队围攻江陵。在
城将陷落时，梁元帝将所有图书全部焚毁。据说，《古文孝经》自此失传。

　　隋朝建立后，大力搜求古籍，弘扬学术。开皇十四年（594），秘书
学士王孝逸在京师（今陕西西安）街市上买到一册《古文孝经》，送给
了著作郎王劭。王劭将该书交给经学大家刘炫进行校定。刘炫于是作《孝
经述议》五卷，作序，说明该书的来龙去脉，并以之对学生进行讲授。
隋文帝下诏将刘炫校定的《古文孝经》与郑氏注的《今文孝经》都著于
官籍、颁行天下。但当时的学者纷纷传说该《古文孝经》为刘炫伪撰，
而不是孔氏的旧本。

　　唐代《孝经》极为盛行。贞观间，魏徵主持编定的《群书治要》收
有《今文孝经》全文及郑氏注（今缺第十八章）。唐玄宗以十八章本《今
文孝经》为定本，于开元十年（722）和天宝二年（743）两次亲自对
其进行注释，且撰成《孝经制旨》一卷。天宝四年（745），玄宗亲自以
八分书写《孝经》，由太子李亨撰额，刊勒《御制孝经注》于四面宽九

尺高五尺的石板上，连成一圈，上有大亭，下为石台，通高二丈，立于京师国学（今存于西安碑林），人称为《石台孝经》，以供学子对勘抄正。自此以后，《今文孝经》凭借着唐玄宗的提倡，广为流传。《古文孝经》逐渐不为人所重。

唐玄宗《御注孝经》，当时就诏令元行冲为之作疏。元行冲以"微臣朽老，猥职坟籍……勉课庸音，式遵明制，敢题经首，永赞鸿徽"[61]，撰成与玄宗御注相配合的疏，以《孝经疏》三卷行于世。玄宗对元氏疏并不满意，在对元疏进行修改后，于天宝五载（746）再颁示中外。北宋咸平间，邢昺受诏领衔，杜镐、舒雅、李维、孙奭、李慕清、王涣、崔偓佺、刘士元等参与，以唐玄宗所定《孝经》正文及注为基础，据元行冲疏，撰成《孝经注疏》三卷，这就是收于《十三经注疏》中的《孝经注疏》。据说，《古文孝经》孔传在五代时已经亡佚。北宋至和元年（1054），司马光见秘阁所藏《古文孝经》，认为《孝经》古文比较今文"虽其中异同不多，然要为得正，此学者所当重惜也"[62]。见其有经无传，遂作《古文孝经指解》献于仁宗。不久，范祖禹又进《古文孝经说》。司马氏及范氏所注《古文孝经》被人合编为一集，以《古文孝经指解》之名流传，清乾隆间收入《四库全书》经部。范祖禹当时亲笔书写秘阁所藏《古文孝经》一纸，于南宋孝宗至宁宗间被镌刻于四川大足北山洞窟中，近代有多位学者据以校定，但因原刻辞有漫漶甚至缺字，各家校定出来的文字略有不同，后出的舒大刚校定本，被称为"目前真正最早的《古文孝经》版本"[63]。此《古文孝经》无篇名及篇序，文字与清代自日本传回的本子亦有不同。自此以后，不少学者据司马光之说，驳今文而尚古文，成为学界一大公案。南宋朱熹于淳熙十三年（1186）作《孝经刊误》，以今文前六章、古文前七章合为"经"一章，以其他部分并为"传"十四章，删改经文二百二十三字，从而开删改《孝经》之端。其后之讲学者，颇以朱氏之本为据。元明清三代，更有不少学者遵从朱

熹的路子，或主古文，或主今文，率以己意对《孝经》正文及诸家传疏
进行删削补缀。

　　清顺治皇帝亲自用唐石台本，对《今文孝经》进行注释，称《御注
孝经》一卷，实际上定《今文孝经》于一尊。四库馆及诸多学者却实事
求是，"故今之所录，惟取其词达理明，有裨来学，不复以今文、古文
区分门户，徒酿水火之争。盖注经者明道之事，非分朋角胜之事也"[64]。
更注重恢复今、古文本经及孔传、郑注的真实面貌，及其在《孝经》学
中的地位，而不太注重二者是非真伪的争论。清毛奇龄撰《孝经问》一
卷，从十个方面批驳朱熹《孝经刊误》和元吴澄《孝经定本》，论《孝经》
非伪书，刘炫无伪造《孝经》事，朱、吴二氏删经之弊等。《四库全书
提要》就此论《孝经》汉宋之学云："汉儒说经以师传，师所不言者，则
一字不敢更。宋儒说经以理断，理有可据，则六经亦可改。然守师传者，
其弊不过失之拘。凭理断者，其弊或至于横决而不可制。王柏诸人点窜
《尚书》，删削二《南》，悍然欲出孔子上，其所由来者渐矣。奇龄此书，
负气叫嚣，诚不免失之过当。而意主谨守旧文，不欲启变乱古经之习，
其持论则不能谓之不正也。"[65] 嘉庆间学者陈乔枞评论道："凡古文《易》
《书》《诗》《礼》《论语》《孝经》所以传，悉由今文为之先驱，今文所
无辄废。向微伏生，则万古长夜矣。欧阳、大小夏侯各守师法，苟能得
其单辞片义，以寻千百年不传之绪，则今文之维持圣经于不坠者，岂浅
鲜哉！"[66] 肯定在《孝经》流传中今文的重要作用。清人周春通过对《孝
经》今古文争讼的研究，发现其来源本为一种，遂"以朱子《刊误》为主，
取后汉刘子奇之义，定为中文"，撰《中文孝经》一卷，无论其水平如何，
都是恢复先秦《孝经》原貌的有益尝试。

　　历代为《孝经》今古文二者之优劣争论不休，不知费了多少笔墨和
口舌。宋人黄震说得好："《孝经》一耳，古文、今文特所传微有不同。
如首章今文云'仲尼居，曾子侍'，古文则云'仲尼闲居，曾子侍坐'；

今文云'子曰：先王有至德要道'，古文则云'子曰：参，先王有至德要道'；今文云'夫孝，德之本也，教之所由生也'，古文则云'夫孝，德之本，教之所由生'。文之或增或减，不过如此，于大义固无不同。至于分章之多寡，《今文·三才章》'其政不严而治'与'先王见教之可以化民'通为一章，古文则分为二章；《今文·圣治章》第九'其所因者本也'与'父子之道天性'通为一章，古文亦分为二章，'不爱其亲而爱他人者'古文又分为一章。章句之分合，率不过如此，于大义亦无不同。古文又云'闺门之内，具礼矣乎！严父严兄。妻子臣妾，犹百姓徒役也'，此二十二字，今文全无之，而古文自为一章。与前之分章者三，共增为二十二。所异者又不过如此，非今文与古文各为一书也。若以今文为伪，而必以古文为真，恐未必然。"[67]

我们以阮元校刻《十三经注疏》本今文与较为近古的文渊阁本《四库全书》所附《古文孝经》（宋本）相比较，二者的差异，首先是总字数不同，前者总字数（含章题章序 104 字）1903 字，后者总字数 1810 字。其次是分章不同，前者分为 18 章，后者分为 22 章；前者无章题章序，后者有章题章序。最后，文字不同。今文与古文用字不同者为：2 个女／汝，4 个弟／悌，而／然后，爵禄／禄位，因／用，因／分，因／则，义／利，侮于鳏寡／失于臣妾，子曰／故，所不贵／不贵也，矣／也，亲／先，故／以，蔵／藏，共 19 处。今文比古文增加的字为：23 个"也"字、2个"以"字、2 个"其"字、2 个"之"字、1 个"子"字、1 个"人"字、1 个"又"字，及古文"而"字写作"然后"减增一字，计增加 33字以及章题章序 104 字，合计 137 字。今文比古文少的字为：闲、侍、参、助、已下、言之不通也、2 个"子曰"、《闺门章》（含"子曰"）24 字，及古文"子曰"今文写成"故"，合计少 40 字。总之，今古文《孝经》的差别，主要在于分章的多少、个别文字的差异，以及有无《闺门章》，思想和宗旨无大差别，显然是原本为一的《孝经》，在流传过程中出现些小差异以至形成今文古文两种版本，完全不必骤分门户、势如水火。

孔安国于西汉时注《古文孝经》，东汉郑氏注《今文孝经》，二注在汉晋时角力争先，各有所宗。学者相承郑氏，即遍注群经的大儒郑玄。晋穆帝永和十一年（355）及孝武帝太元元年（376），两次聚集群臣讨论经义，都以郑玄注为主。荀昶集解《孝经》亦以郑注为优，而请与孔传并行，受到皇帝的肯定。但南朝宋、梁时，对此多有异议。陆澄《与王俭书》言：“《孝经》题为郑玄注，观其用辞，不与注书相类。案玄自序所注众书，亦无《孝经》。且为小学之类，不宜列在帝典。”[68]认为所传郑注，并非郑玄所注，请求不要藏于秘省。但王俭不依其请，《孝经》郑氏注遂得流传，在北魏和南朝齐皆立于学官，著在律令。孔传随《古文孝经》于梁末失传。隋刘炫以新发现《古文孝经》撰《孝经述议》一书，时人多以其为伪造。陆德明《经典释文》也以为“《郑志》及《中经簿》无（《郑氏注》），唯中朝穆帝集讲《孝经》云以郑玄为主。检《孝经》注与康成注五经不同，未详是非”[69]。

开元七年（719），唐玄宗以“自顷已来，（《孝经》）独宗郑氏。孔氏遗旨，今则无闻。又子夏《易传》，近无习者，辅嗣注《老子》，亦甚甄明。诸家所传，互有得失，独据一说，能无短长？”诏令群儒讨论《孝经》今古文孔、郑二传的优劣得失。左庶子刘知幾献所著《孝经注议》于玄宗，以十二条理由论所谓《孝经》郑注并非郑玄所注，因而请求废郑注行《古文孝经》孔传。一、郑君自序其在党锢之祸前后，注《礼》《古文尚书》《毛诗》《论语》，到元城，注《周易》。并无注《孝经》之文。二、郑玄去世后，其子弟纪念之作《郑志》，其中所言郑玄所注只有《毛诗》、三礼、《尚书》、《周易》，未言郑注《孝经》。三、《郑志》目录，记郑之所注，五经之外，有《中候书传》《七政论》《乾象历》《六艺论》《毛诗谱》《答临硕难礼》《驳许慎异义》《发墨守》《箴膏肓》及《答甄然子等书》等，也不言郑注《孝经》。四、郑玄弟子，分授门徒，各述师言，互相问答，编录为《郑记》，其中载有《诗》《书》《礼》《易》《论语》，其言亦不及《孝经》。五、赵商作《郑（玄）先生碑铭》，具称其所注笺驳论，亦不言注《孝经》。晋藏书目录《中经簿》中，著录《周易》《尚书》《尚书中候》《尚书大传》《毛诗》《周礼》《仪礼》《礼记》《论语》九书，皆云"郑氏注名玄"，至于《孝经》，则称"郑氏解"，无"名玄"二字。六、《春秋纬演孔图》云，康成注三礼、《诗》《易》《尚书》《论语》，其《春秋》《孝经》别有评论。郑玄嫡传弟子宋均应该了解其先师的所有著述，当他讲到《春秋》《孝经》时，只有评论，说明两书皆非郑玄所注。七、宋均《孝经纬注》引郑玄《六艺论》叙《孝经》云"玄又为之注"，说："司农论如是，而均无闻焉。"说明这仅是随便一说，并不一定是事实。八、宋均《孝经纬注》云"玄为《春秋》《孝经》略说"，明确郑玄未注《孝经》。九、后汉史书唐代仍存者有谢承、薛莹、司马彪、袁山松等多家著作，各家郑玄传言其所注，都没有说到《孝经》。十、王肃《孝经传》，书首有司马宣王之奏，并奉诏令诸儒注述《孝经》，以王肃传为长。假如前有郑注，亦应言及，实际却未言郑。十一、王肃著书，揭发郑注之短，凡有小失，皆在圣证，若《孝经》此注亦出郑氏，被肃攻击，最应烦多，而肃无言。十二、魏晋朝贤辨析论说时事，郑氏诸注无不撮引，却未有一言引《孝经》之郑玄注。刘知幾推赞《古文孝经》孔氏传，说："至如《古文孝经》孔传，本出孔氏壁中，语其详正，无俟商榷，而旷代亡逸，不复流行。……然则孔、郑二家，云泥致隔，今纶音发问，校其短长，愚谓孔行郑废，于义为允。"而国子祭酒司马贞上书称《今文孝经》："其注相承云是郑玄所著，而《郑志》及《目录》等不载，故往贤共疑焉。唯荀昶、范晔以为郑注，故昶集解《孝经》，具载此注，而其序云'以郑为主'，是先达博选，以此注为优。且其注纵非郑氏所作，而义旨敷畅，将为得所。其数处小有非稳，实亦非爽经传。其古文二十二章，元出孔壁，先是安国作传，缘遭巫蛊，世未之行。荀昶集注之时，尚有孔传，中朝遂亡其本。

近儒欲崇古学，妄作此传，假称孔氏，辄穿凿改更，又伪作《闺门》一章，刘炫诡随，妄称其善。且'闺门'之义近俗之语，非宣尼之正说。案其文云'闺门之内，具礼矣乎。严兄妻子臣，繇百姓徒役也'，是比妻子于徒役，文句凡鄙，不合经典。又分《庶人章》从'故自天子'以下别为一章，仍加'子曰'二字。然故者连上之辞，既是章首，不合言'故'。古人既亡，后人妄开此等数章，以应二十二章之数。非但经文不真，抑且传习浅伪。又注'因天之时，因地之利'，其略曰'脱衣就功，暴其肌体，朝暮从事，露发跣足，少而习之，其心安焉'，此语虽傍出诸子，而引之为注，何言之鄙俚乎！与郑氏所云'分别五土，视其高下，高田宜黍稷，下田宜稻麦'，优劣悬殊，曾何等级！今议者欲取近儒诡说，残经缺传，而废郑注，理实未可。望请准式《孝经》郑注，与孔传依旧俱行。"[70] 唐玄宗采纳司马贞的意见，以郑注为主注解《孝经》，却导致郑注亦渐危殆，至五代也在中土失传。据说，后周显德中，新罗献《别序孝经》，即为郑氏注。北宋咸平中，日本僧人奝然献郑注《孝经》。南宋乾道中，熊克子复从袁枢处得郑氏注，刻于京口。[71] 熊刻本郑注，后亦遗失。清乾隆间，歙县鲍廷博委托其友汪翼沧乘海舶到日本时，代为搜寻中华古籍。汪氏在长崎购得日本人太宰纯于享保十六年（1731）刊印的《古文孝经孔注》一部 [72]，鲍氏于乾隆四十一年（1776）将其影刻于《知不足斋丛书》中。太宰纯《序》言："夫古书之亡于中夏而存于我日本者颇多。"且断言："孔传者，安国所作，无疑也。"嘉庆年间，乌程郑氏又从日本得刊本魏徵《群书治要》，其中存《孝经》十七章，有郑氏注。嘉庆六年（1801），鲍廷博又得到日本人冈田挺之于宽政癸丑（1793）所刊《孝经郑注》，并将该书在《知不足斋丛书》中刊布。据冈田挺之《尾识》言，他是以《群书治要》本《孝经》为主，补以《注疏》本而成是书。至此，在中土失传已久的孔、郑二注，皆重新在中国露面。《四库全书提要》否定日本《古文孝经》孔注本为真本，继而臧庸认为日本郑注本非真郑注，而郑珍更列十证，辨《古文孝经孔氏传》为日本国人所作伪书。为恢复《孝经》郑注原貌，臧庸据诸古籍辑成《孝经郑氏解》一卷，继而陈鳣、严可均也都辑佚郑注。清光绪间，皮锡瑞抄得严氏四录堂本郑注，博考群籍，认定其所辑"最为完善"，遂据以作疏，"于郑注引典礼者，为之疏通证明，于诸家驳难郑义者，为之解释疑滞，冀以扶高密一家之学，而于班孟坚列《孝经》于小学之旨，亦无憾焉。更采汉以前征引《孝经》者，附列于后，以证《孝经》非汉儒伪作"[73]。以《孝经郑注疏》为名，刊版流行，是《孝经》郑注的功臣。洪良品著《古文孝经荟解》八卷，分为"古文孝经二十二章""孝经古今文章句增减异同""古文孝经章段大意""孙本古文孝经说""毛奇龄孝经问""孝经古今文考述""古文孝经条辨""历代表章孝经""历代传习孝经""别录"等部分，对《古文孝经》的相关资料和问题进行了全面搜罗和分析。至此，可算清代经学家对《孝经》今古文及孔传、郑注之争的总结。

四、历代《孝经》注疏与研究

《孝经》是先秦儒家学派托名孔子向其弟子曾参阐述儒家孝道观的著作，总共 1903 字，文字精练通俗，但思想却十分深奥。从战国以来，为其做讲解、注疏、整理、研究的学者代不乏人。每位讲解、注疏、整理、研究者，都是站在其所处时代，依据自己的学识和理解来阐述《孝经》的文字和义理，将不同时代不同学者的《孝经》思想上下联贯起来，就构成了一部二千余年《孝经》学史。

《春秋公羊传》何休序中引录据传系孔子所言"吾志在《春秋》，行在《孝经》。此二学者，圣人之极致，治世之要务也。是知孝者，德之本欤"，短短三十余字，将先秦儒家讲述《孝经》的宗旨阐述得明明白白。大体是因其将孝视为道德的根本和治世的要务，所以著作该经，以作为人们行为的指导和规范。托始于孔子的《孝经》对孝道的阐述，使千年来人们视之为自然的孝行变成了有目的的家庭伦理和行为规范的最重要体现，是孝道的经典论说。

孔子后学，依其对孝之作用的倾向性认识，而分成了孝道和孝治两派。孝道派以曾参为始祖，以其弟子乐正子春为代表。[74] 在《论语》中，曾参亲闻孔子孝论，重视道德内省，自己就是一位孝道的楷模。乐正子春在曾参弟子中地位特殊，他很可能参与或独立撰成了《曾子》和《孝经》二书。《曾子·大孝》据传是乐正子春孝道理论的主要著作，其中认为孝道是超越时间空间的绝对真理，强调孝子要敬养父母、保全身体，从而系统地展示了儒家的孝道理论。曾子说："夫孝，置之而塞乎天地，溥之而横乎四海，施诸后世而无朝夕。推而放诸东海而准，推而放诸西海而准，推而放诸南海而准，推而放诸北海而准。《诗》云：'自西而东，自南而北，无思不服。'此之谓也。"[75] 孟子被视为孝治派的代表人物，清人陈澧说："《孟子》七篇中，与《孝经》相发明者甚多。"王正己也认为："从大体上看来，《孝经》思想有些与孟子的思想相同，不过是文字的变相而已。"从而推断，《孝经》系孟子弟子所撰。我们不同意王氏的结论，却赞同其对孟子孝的思想的判断。孟子从人性善的认识出发，极为重视孝行，并大大发展了《孝经》中孝的思想。提出舜是孝子的典型，把孝扩大为德性的最高表现，强调孝悌和仁义礼乐的合一，从而构成一个以孝为中心的道德人格世界，使孝成为他仁政思想的政治伦理基础。孝道派和孝治派的根本分歧在于对《孝经》中孝与忠关系的认识。孝道派将忠指为人内心由孝到忠的真诚状况，孝治派将人臣的孝视为通过忠实现政治目的的手段。

经秦焚书后，西汉惠帝废除挟书令，各种儒家经典相继出现。其中《孝经》就有今文本和古文本两种。汉文帝设置包括《孝经》在内的博士七十余人，西汉以传授《今文孝经》名家的，有长孙氏、博士江翁、少府后仓、谏议大夫翼奉、安昌侯张禹等人，他们各有著述，分别为《孝经长孙氏说》《孝经江氏说》《孝经后氏说》《孝经翼氏说》《孝经安昌侯说》。东汉时，《孝经》今古文皆列于学官。经统治者提倡，两汉孝道被视为王朝政治的重要手段，《孝经》学成为显学，研究者甚众，对两汉政治产生了重大影响。甘肃地湾和肩水金关等地发现的《孝经》类汉简（如86EDHT：17 简、73EJT14：42、73EJT31：44A+T30：55A 简）和尚未公布的南昌海昏侯墓六百余枚《孝经》类简，是以说明汉代《孝经》影响力之大、传播之广泛。一般士人也以研习《孝经》为荣，如欧阳修《集古录》收有后汉武荣碑，此人仅官至督邮五官掾，却"治鲁《诗经》韦君章句、《孝经》"等书。[76] 东汉时，羌人反叛、社会混乱，思想家王符以孝悌真谛的阐述来批判社会风气的腐败，说："尽孝悌于父母，正操行于闺门，所以为列士也。今多务交游以结党助，偷世窃名以取济渡，夸末之徒从而尚之，此逼贞士之节，而眩世俗之心者也。"[77]

孔安国、刘向和郑玄是两汉研治《孝经》最有影响的学者。孔安国是《孝经》传的作者，据传为孔氏所作的《古文孝经序》，对孝的高度评价前无古人，并将孝道的推行寄托于明王身上，说："孝者，人之高行；经者，常也。自有天地人民以来，而孝道著矣。上有明王，则大化滂流，充塞四合。若其无也，则斯道灭息。"对《孝经》中"敬其父则子说，敬其君则臣说"一句，有学者释为"各自敬其为君父之道，臣子乃说也"，他坚决反对，说："君虽不君，臣不可以不臣；父虽不父，子不可以不子。若君父不敬其为君父之道，则臣子便可以忿之邪？此说不通。"[78] 开古代臣对君无限服从观点的先河。孔安国的《古文孝经传》，清代从日本传回，收入《四库全书》经部。西汉成帝时，刘向主持整理中秘藏书，以颜芝所藏《今文孝经》为底本，参照孔子旧宅中发现的《古文孝经》，除其繁惑，校定《孝经》十八章本，成为汉以后各种官定《孝经》的底本，也推动了官府收藏走向民间。其所著《新序》一再引用《孝经》中的语句来评说史事，如卷一起首就讲述舜孝友事迹，继而引用《孝经》第十六章"故孔子曰：'孝弟之至，通于神明，光于四海。'舜之谓也"[79]。使《孝经》思想更能被大众接受。东汉郑玄破除今古文之争的壁垒，杂取众家之长，对《孝经》进行校勘注释，成《孝经》郑氏注，在序文中，他说："夫孝者，盖三才之经纬，五行之纲纪。若无孝，则三才不成，五行僭序。是以在天则曰至德，在地则曰愍德，施之于人则曰孝德。故下文言，'夫孝者，天之经，地之义，人之行'，三德同体而异名，盖孝之殊途。"[80] 将孝视为统贯三才五行的大经大法。其所注《孝经》别有旨趣，如对"因天之时，因地之利"，他解释为"分别五土，视其高下，高田宜黍稷，下田宜稻麦"，颇为允当。范晔称郑玄"质于辞训，通人颇讥其繁，至于经传洽孰，称为纯儒，齐、鲁间宗之"[81]。后来，晋穆帝集讲《孝经》，就"以郑玄为主"。唐玄宗"开元中诏议孔、郑二家，刘知幾以为宜行孔废郑，于是诸儒争难蜂起，卒行郑学"。可见郑氏注之历史影响。

　　魏晋南北朝南北争雄，政权累更，统治者为了争正统和抚民心，大讲孝道，《孝经》讲说和注释家众多。如晋朝，武帝泰始七年（271）、穆帝升平元年（357）三月、孝武宁康三年（375）七月，先后由皇太子、晋穆帝、孝武帝在太学讲《孝经》。南朝梁元帝萧绎神化孝道的作用，说其"能使甘泉自涌，邻火不焚，地出黄金，天降神女，感通之至，良有可称"[82]。北魏孝文帝命侯伏侯可悉陵"以夷言译《孝经》之旨，教于国人，谓之《国语孝经》"[83]。钩稽诸书，曹魏郑称、王肃、苏林、何晏、刘邵、徐整、宋均，孙吴韦昭、孙氏，晋荀茂祖（一说荀勗）、袁宏、孙氏、杨泓、袁宏、虞槃佐、庾氏、殷仲文、殷叔道、尹车胤、荀昶、孔光、谢万、晋穆帝、孝武帝，南朝宋何承天、费沈、释慧琳，南朝齐永明诸王、文惠太子萧长懋、王玄载、明僧绍、刘瓛、王俭等人皆为之作注。梁武帝更是大倡《孝经》，将孔注古文和郑注今文《孝经》都立于国学，且亲自作《孝经义疏》十八卷。同时，萧子显、严植之、曹思文、江系之、江逊、释慧始、陶弘景、诸葛循、贺玚、李玉之、昭明太子萧统、梁简文帝、梁元帝、无名先生、赵景韶、皇侃、周弘正、太史叔明等，各自为《孝经》作注。最有影响的是皇侃《孝经义疏》三卷，皇侃指出："经者，常也，法也。此经为教，任重道远，虽复时移代革，金石可消，而为孝事亲常行，存世不灭，是其常也。为百代规模，人生所资，是其法也。"认为不管如何改朝换代，孝道是永恒不变的。他对《孝经》的研究十分深刻，如指出《诸侯章》中的"民人"，并不是"人民"的同义词，"民是广及无知，人是稍识仁义，即府史之徒"。如《谏净章》之"昔者天子"，他分析道："夫子述《孝经》之时，当周乱衰之代，无此谏争之臣，故言'昔者'也。不言先王，而言天子者，诸称先王皆指圣德之主，此言无道，所以不称先王也。"揭示了孔子通过论孝来警告当世和后世统治者的良苦用心。他还分析说："《开宗》及《纪孝行》《丧亲》等三章通于贵贱。"[84]关注到如何使《孝经》走向普通民众的大问题。

　　杨坚废周建隋当年，苏威就进言："臣先人每戒臣云：'唯读《孝经》一卷，足以立身治国，何用多为？'"[85]文帝深以为然，所以特别强调："朕方以孝治天下，恐斯道废阙，故立五教以弘之。"[86]认识到《孝经》在安定社会和人心中的作用。隋朝享国仅三十八年，就有徐孝克、宇文弼、明克让、何蔚、刘炫、张冲、萧岿等人注疏《孝经》的作品问世。刘炫在所著《孝经述义序》中，分析孔子讲述《孝经》时的社会形势，指出："夫子乃假称教授，制作《孝经》，论治世之大方，述先王之要训。其意盖将匡颓运而追逸轨也，抑亦所以仁兴王而示高迹也。"他对新发现的《古文孝经》孔传评价极高，称："而天未丧斯，秘宝重出，大典昭晰，精义著明。斯乃冥灵应感之符，圣道缉熙之运。"他著述该书是要"拾其滞遗，补其弊漏，傅其羽翼，除其疖癖。续日月之末光，裨河海之余润。冀乎贻训后昆，增晖前绪"[87]。刘炫另著《孝经稽疑》讨论《古文孝经》中的讹舛之处，又撰《孝经去惑》论郑氏注之虚诞。

唐朝《孝经》学大盛，魏徵是其首倡者。在《隋书·经籍志》中，他提出孝无等差的观点，说："夫孝者，天之经，地之义，人之行。自天子达于庶人，虽尊卑有差，及乎行孝，其义一也。先王因之以治国家，化天下，故能不严而顺，不肃而成。斯实生灵之至德，王者之要道。"[88]魏徵主持编纂帝王教科书《群书治要》，就收入《孝经》一卷（今传日本国刊本缺末章），"以鉴览前古，传之来叶。崇巍巍之盛业，开荡荡之王道，将金镜以长悬"[89]，作为重开王朝盛业的利器。在古代帝王中，唐玄宗是《孝经》学中最有影响的人物。他不仅自身孝悌堪称典范，而且亲自研治《孝经》及诸种传注，他发现《孝经》孔传、郑注"其中旨趣，颇多踳驳，精义妙理，若无所归，作业用心，复何所适？"遂下诏："《孝经》者，德教所先。自顷已来，独宗郑氏。孔氏遗旨，今则无闻。又子夏《易传》，近无习者，辅嗣注《老子》，亦甚甄明。诸家所传，互有得失，独据一说，能无短长？其令儒官，详定所长，令明经者习读。"[90]从而引起以刘知幾和司马贞为代表的两派行孔还是行郑的大争论。玄宗下诏对双方各打五十大板，言："间者诸儒所传，颇乖通议。敦孔学者冀郑门之息灭，尚今文者指古传为诬伪。岂朝廷并列书府，以广儒术之心乎！况孔、郑大宗，固多殊趣，诸生会议曾无所申，而推求小疵，其细已甚，聚讼之训，人无则焉。"[91]随之，唐玄宗以郑注为主，依据今文对古文做适量更改，开元十年（722）六月御注成《孝经》，颁行天下。天宝二年（743）五月唐玄宗重注《孝经》，亦颁行天下，序言称："今故特举六家之异同，会五经之旨趣，约文敷畅，义则昭然。分注错经，理亦条贯。写之琬琰，庶有补于将来。"同时亲自八分御书《孝经》，刻石于国子监。唐玄宗第一次注《孝经》后，即诏令年老的元行冲为之疏，疏成不久，元氏去世。天宝五载（746），唐玄宗下诏，称元行冲《疏》"虽粗发明，幽赜无遗，未能该备"，令儒臣补充修改，"今更敷畅，以广阙文。仍令集贤院具写，送付所司，颁示中外"[92]。唐玄宗这样做，不仅是为了《孝经》的永久保存，更是要给士子和学人一部权威的范本，以供校对研读。唐玄宗御注、元行冲疏的《孝经疏》作为教育民众行孝的伦理性著作，影响深远，学者称此书加上宋邢昺疏，促成了《孝经》学的转折。[93] 唐代的《孝经》研究有几大特点：其一是君臣文人都涉足《孝经》和孝道的研究与发扬，唐人研注《孝经》的著作有数十部，君主王公，官僚，文人，如濮王泰、孔颖达、高士廉、虞世南、苏世长、傅奕、姚崇、宋璟、杨绾、李观、白居易、王勃、陈子昂、柳宗元、张九龄、张说、颜真卿、权德舆等，都在著作中论及孝道，有的认识还特别高明、深刻。当时民间割股肉为亲人治病的愚孝行为迭出，柳宗元和程邈等人就著文或上疏表示反对。其二是《孝经》辨伪之风初起，玄宗时刘知幾和司马贞对孔、郑优劣真伪的争论是其重要的例证。其三是佛家、道家亦广泛宣传孝，借以扩大自己的影响。如唐释道世所撰《法苑珠林》言："夫以立忠立孝，所以扬名于后代。行逆行乖，所以受报于来苦。孝逆升沉，善恶胡越。"[94] 如道家《太上五十八愿文》要求学道之人"先孝于亲"。

五代十国虽然政权更迭频繁，但《孝经》及孝道的影响仍然存在。唐末，后唐庄宗李存勖在居父（克用）丧期间，听从"夫孝在不坠家业，不同匹夫之孝。……请依顾命，墨缞听政，保家安亲，此惟大孝"[95] 的劝说，墨缞出面处理紧急军务。五代十国许多君臣熟读《孝经》。后汉国子祭酒田敏出使南楚，路过南平，以印本五经赠送给南平国王高从诲，高从诲表示感谢，说："予之所识，不过《孝经》十八章尔。"田敏道："至德要道，于此足矣。"随即念诵《诸侯章》曰："在上不骄，高而不危，制节谨度，满而不溢。"高从诲认为他在讥刺自己，就罚田敏用大卮饮酒。[96]

宋代重文轻武，文化政策宽松，帝王提倡、学术昌明、教育发达，进步的印刷业使经过校勘的《孝经》及其研究著作的多种版本较为易得，推动了《孝经》学的大发展。从帝王文臣武将到塾师学子无不研习《孝经》，以至宋人的文集颇多论及《孝经》、孝道问题，各辟蹊径，异说纷呈，开创了新局面。对孟子"不孝有三，无后为大"的说法，欧阳修就不太赞同，言："孟子曰，不孝有三，无后为大。此为舜娶妻而言耳，非万世之通论也！不娶而无后罪之大者可也，娶而无子与夫不幸短命未及有子而死以正者，其人可以哀不可以为罪也！"[97] 对《孝经》核心的忠孝仁爱问题，李纲以为宦实践而自有其理解，说："忠孝者臣子之大节，而庄周以为外物不可心，故为人亲者莫不欲其子之孝，而孝未必爱，故孝已忧而曾参悲；为人君者莫不欲其臣之忠，而忠未必信，故比干剖而子胥靡。……夫忠与孝在我，而信与爱在人，在人者何可必哉！惟其不可必，此所为外物也。然而孝子之于亲，岂必待其爱而后孝？忠臣之于君，岂必待其信而后忠哉？亲虽不我爱而尽其事亲之孝者，孝之至也。君虽不我信而尽其事君之忠者，忠之盛也。使亲能爱其子之孝则家和矣，君能信其臣之忠则国治矣。家和国治，忠孝之名不立。惟其孝而亲未必爱，故家有不和，而孝子之行彰。忠而君未必信，故国有昏乱，而忠臣之节著然，则为君亲者可不鉴哉！"[98] 看来，真正的孝子忠臣不必要求亲之爱、君之信，只要尽到自己的孝和忠就行了。南宋黄震撰《读〈孝经〉》一文，仔细比较今文经与古文经的细微不同，认为"若以今文为伪，而必以古文为真，恐未必然"。故而司马光指责"世俗信伪疑真"是"为言愚"。[99]

　　考诸种古代目录，宋人研注《孝经》的专著有数十部，包括苏彬《孝经疏》、邢昺《孝经正义》、龙昌期《孝经注》、宋绶《孝经节要》、吕公著《孝经要语》、司马光《古文孝经指解》、王安石《孝经解》、范祖禹《古文孝经说》、吕惠卿《孝经传》、赵克孝《孝经传》、任奉古《孝经讲疏》、张元老《孝经讲义》、李公麟《孝经图》、何执中《孝经解》、江杞《孝经注》、王悱《孝经解义》、程全《孝经解》、林独秀《孝经指解》、何俌《孝经本义》、王绹《孝经解》、胡铨《读孝经杂记》、洪兴祖《古文孝经序赞》、唐仲友《孝经解》、王炎《孝经解》、龚栗《孝经集义》、史绳祖《孝经解》、俞观能《孝经类鉴》、方逢辰《孝经章句》、刘元刚《孝经衍义》、胡佚《孝经释》、刘养晦《孝经解》、董鼎《孝经大义》、余浙《孝经审问》、胡子实《孝经注》、陈合《孝经正文》、蔡子高《孝经注》、姜融《孝经释文》、陈鄂《孝经释文》、胡一桂《孝经传赞》、李应龙《孝经集注》、季氏《古文孝经指解详说》、吉观国《孝经新义》、家铉翁《孝经解义》、王文献《孝经详解》、林椿龄《孝经全解》、沈处厚《孝经解》、赵湘《孝经义》、张师尹《通孝经义》、张九成《孝经解》、朱熹《孝经刊误》、黄干《孝经本旨》、项安世《孝经说》、冯椅《古孝经辑注》、钱时《古文孝经》、杨简《古文孝经解》、袁甫《蒙斋孝经说》、王行《孝经同异》、朱申《孝经外传》《孝经注解》等。

　　宋代《孝经》研注最有影响的是邢昺、司马光和朱熹。邢昺是北宋著名经学家，累迁国子博士、国子祭酒、翰林院侍讲学士、礼部尚书等职。"昺在东宫及内庭，侍上讲《孝经》《礼记》《论语》《书》《易》《诗》《左氏传》，据传疏敷引之外，多引时事为喻，深被嘉奖"[100]。宋真宗诏令邢昺对唐玄宗、元行冲《孝经注疏》予以校定注疏，邢昺称："《孝经》者，百行之宗，五教之要。自昔孔子述作，垂范将来，奥旨微言，已备解乎注疏。尚以辞高旨远，后学难尽讨论。今特剪截元疏，旁引诸书，分义错经，会合归趣，一依讲说，次第解释，号之为讲义也。"[101]成《孝经正义》九卷。邢氏《正义》自称据元行冲疏为蓝本，但旧文新说混杂难以辨析，故而有学者认为邢氏仅是校定并未为疏，有学者认为其疏多抄袭前人注疏。其实，无论今人或古人注书，都必须参考前人成果，邢氏《孝经正义》亦是如此。但邢氏注中时有精语，发人深省。例如《谏诤章》疏，针对前贤对父之非谏与不谏的争论，言："父有非，子从而不谏，是成父之不义，云理所不可。"[102]真是鞭辟入里、一针见血。清人说："今文之立自元（玄）宗此注始。元（玄）宗此注之立，自宋诏邢昺等修此疏始。"[103]邢昺对《孝经》学的重大贡献是不容否定的。

　　司马光认为，孔宅壁中发现的《古文孝经》，并非如前人所言是秦焚书时所藏，而是在孔子去世后不久孔氏子孙所藏。"盖始藏之时去圣未远，其书最真，与夫他国之人转相传授历世疏远者，诚不侔矣！……虽其中异同不多，然要为得正，此学者所当重惜也"。司马光还指出，因为汉代一般学者都不通古文，所以孔安国将壁中发现的《尚书》以隶体写而传之，同时发现的《论语》《孝经》应该也用隶体书写传播。"此盖后世好事者，用孔氏传本，更以古文写之，其文则非，其语则是也"。既然《古文孝经》价值如此之高，所以司马光不遗余力地予以推赞！司马光在研治中，"时有所见，亦各言尔志之义。是敢辄以隶写古文，为之《指解》。其今文旧注，有未尽者引而伸之，其不合者易而去之……而庶几于先王之道万一有所补焉"[104]。《四库全书》本《古文孝经指解》经文之下收有唐玄宗注、司马光"指解"和范祖禹"说"，将三者对比着看，可以发现司马光钻研之深。如经文"因地之利"，唐玄宗注称："分别五土，视其高下，各尽所宜，此分地利也。"司马光则用农夫都能懂的话进一步解释道："高宜黍稷，下宜稻麦。"《古文孝经》中有《闺门》一章，司马光将闺门视为治天下之要法，称："闺门之内，其治至狭，然而治天下之法，举在是矣！"他杂引《易》《诗》义正辞严地驳斥唐人对《闺门章》的诋毁，说："妻子犹百姓，臣妾犹皂牧，御之必以其道，然后上下相安。唐明皇时议者排毁古文，以《闺门》一章为鄙俗不可行。《易》曰，正家而天下定；《诗》云，刑于寡妻，至于兄弟，以御于家邦。与此章所言何以异哉？"确实，《闺门》一章，讲的是孝子"齐家"的大规范，一个男人连家都治不了，何以言孝？又何以担当"治国平天下"之大任？难怪古人讥讽唐玄宗斥《古文孝经》，实因其闺门不谨，以至安史之乱，家国危殆！司马光极为重视齐家之大事，专门著《家范》一书，杂采史传，尤其全采《古文孝经》，予以论述，在序言中说：《诗》称文王之德曰：'刑于寡妻，至于兄弟，以御于家邦。'此皆圣人正家以正天下者也。降及后世，爰自卿士以至匹夫，亦有家行隆美可为人法者，今采集以为《家范》。"[105]

南宋大儒朱熹秉承发扬宋代理学重视思考的精神，在平时研读讲学中对《孝经》文本多所怀疑，如《朱子语录》中门生记其说："《孝经》除了后人所添，前面'子曰'及后面引《诗》便有首尾。""'顺则逆，民无则焉'是季文子之词，'言斯可道，行斯可乐'一段是北宫文子论令尹之威仪，在《左传》中自有首尾，载入《孝经》都不接续，全无意思。""《古文孝经》有不似今文顺者，如'父母生之，续莫大焉'，又著一个'子曰'字，方说'不爱其亲而爱他人者，谓之悖德'，此本是一段，以'子曰'分为二，恐不是。""'孝莫大于严父，严父莫大于配天'，岂不害理！如此则须是如武王、周公方能尽孝道，寻常人都无分，岂不启人僭乱之心。"[106]他吸收胡宏、汪应辰等宋代学者怀疑《孝经》有后人附会的意见，细心揣摩出《古文孝经》仅前七章是"夫子曾子问答之言，而曾氏门人之所记也。疑所谓《孝经》者，其本文止如此。其下则或者杂引传记以释经文，乃《孝经》之传也"[107]。而于淳熙十三年（1186）作《孝经刊误》，以古文前七章合为"经"一章，以古文其他部分并为"传"十四章，删改经文二百二十三字，从而开删改重编《孝经》之端。人称其为《孝经》学之宋学。其后之讲学者，颇以朱氏之本为据。如元朝吴澄著《孝经定本》就是按照朱熹的路数，将《今文孝经》分为经传两部分，经为合今文六章为一章，传系变更今文十二章次序而成，且将朱熹所删一百七十二字和古文《闺门章》二十四字一并附录于后。我们肯定朱熹的怀疑精神，认为其发现有助于对《孝经》的深入研究，但反对其依己意擅改流传了千余年的《孝经》。因为自孔子读《易》起，就将经文和个人诠释的传文严格区别，孔门弟子对《孝经》亦是如此，不可能将托始于孔子的经与其他人解释经的传混到一起称经。倘若每位学者都如朱熹般对传统文献妄加改动，我们还能看到真实的早期儒家经典吗？中国传统典籍岂不成了一团乱麻，学者难以辨别原典和后改本、再改本了！

　　辽、西夏、金是与宋并立的少数民族政权。诸朝统治者于孝道并不懈怠，且都用其本族文字翻译《孝经》类著作，以供王侯臣僚士子学习。金世宗昭圣皇后刘氏曾以十天时间研读《孝经》。海陵王长子光英"诵《孝经》。一日，忽谓人曰：'经言三千之罪，莫大于不孝，何为不孝？'对者曰：'今民家子博弈饮酒，不养父母，皆不孝也。'光英默然良久，曰：'此岂足为不孝耶！'盖指言海陵弑母事"[108]。世子在读《孝经》之后能意识到皇帝父亲弑母的不孝，需要多么大的勇气！进士元好问金末被俘，著有《壬辰杂编》，他对《孝经》很有研究，认为孝道在于孝子之心，说："天地立人，圣人立名教，天大地大而孝亦大。孔子作经，师弟子之问答必以因心为言。予以为孝子之思其亲，无乎不在。"[109]

　　由宋入元的诸多学者在元朝撰出一些《孝经》研究的著作。如马端临著《文献通考》，竟然二百七十八次述及《孝经》，其《经籍考·孝经》中对《孝经》历代著述、学者争论和历朝制度的记载，堪称先秦至宋末的《孝经》学史。元朝诸帝重视孝的教育以及《孝经》的翻译和研究，在朝中设立艺文监，专以国语（蒙古文）敷译儒书，整理需要核雠的儒家典籍，其中就包括《孝经》的翻译和研究。元世祖子真金，"少从姚枢、窦默受《孝经》，及终卷，世祖大悦，设食犒枢等"[110]。据钱大昕《元史艺文志》及朱彝尊《经义考·孝经》载，元代研究和注释《孝经》的著作有：大德十一年（1307）刊行的《图象孝经》、吴澄《孝经定本》（即《孝经章句》）、小云石海涯《直解孝经》、白贲《孝经传》、许衡《孝经直说》、胡一桂《孝经传赞》、李孝光《孝经图说》《孝经义疏》、江直方《孝经外传》、程显道《孝经衍义》、钱天佑《孝经直解》、张塈《孝经口义》、林起宗《孝经图解》、朱申《孝经句解》、杨少愚《续孝经衍义》、余芑舒《孝经刊误》、陈樵《孝经新说》、吴迁《孝经附录》、沈易《孝经旁训》、钓沧子《孝经管见》、董鼎《孝经大义》、朱申《孝经句解》、许衍《孝经注》、姜氏《孝经说》、王勉《孝经》、佚名《孝经管见》、中书左丞某《孝经集说》、佚名《孝经明解》、佚名《成斋孝经说》等。其中，江直方《孝经外传》达二十二卷，份量惊人。危素对王勉《孝经》评价很高，称其"章分句析，条纪粲然。博考诸家之说，择其要者，梓而录之，而大要以朱氏为宗。嗟乎，以此书观之千载之下，而欲臆度县（悬）断于众说纷纷之中，非笃信精察者不能然也"[111]。元人《孝经》类著述，从作者看，除了大部分汉族学者外，还有畏吾儿等少数民族学者；从内容看，除了传统的注解以外，还致力于《孝经》的普及。例如熊禾序董鼎《孝经大义》称："人子不可斯须忘孝，则此（《孝经》）为天子至庶人一日不可无之书。""其书为初学设，故其词皆明白易晓，熟玩之则其间义趣精深，又有非浅见谫闻所能窥者。"[112]吴澄继承了宋人的怀疑精神，称："夫子遗言，惟《大学》《论语》《中庸》《孟子》，所述醇而不杂，此外传记诸书所载，真伪混淆，殆难尽信，《孝经》亦其一也。……今观邢氏疏说，则古文之为伪审矣。又观朱子所论，则虽今文亦不无可疑者焉，疑其所可疑，信其所可信，去其所当去，存其所当存，朱子意也。故今特因朱子《刊误》，以今文、古文校其同异，定为此本，以俟后之君子云。"[113]所著《孝经定本》，就是经其精心对勘研究的成果。

　　根据不完全统计，明人研注《孝经》的著述逾百种，远轶前朝。它们是：宋濂《孝经新说》、朱升《孝经旁注》、叶赞《孝经衍义》、何初《孝经解》、吴从敏《古文孝经集义》、费希冉《孝经解》、方孝孺《孝经诫俗》、陈选《孝经注》、应纲《孝经刊误集注》、黄道周《孝经集传》、项霦《孝经述注》、周木《考定古今孝经刊误集注》、晏铎《增注孝经》、潘府《孝经正误》、章品《复位孝经传注》、郎瑛《订正孝经》、汪宇《孝经考误集解》、蔡烈《孝经定本》、余息《孝经刊误说》、柯迁《考定孝经古文》、褚相《孝经本文说》、陈晓《孝经问对》、余时英《孝经集义》、沈淮《孝经会通》、罗汝芳《孝经宗旨》、程廷策《孝经订注》、蔡悉《孝经孝则》、方学渐《孝经绎》、刘子立《孝经注疏》、韩世龙《孝经解》、黄金色《编定古文孝经》、方扬《孝经句义》、邓以诰《孝经全书》、孙蕡《孝经集善》、孙吾与《孝经注解》、晏璧《孝经刊误》、曹端《孝经述解》、刘实《孝经集解》、薛瑄《定次孝经今古文》、杨守陈《孝经私钞》、余本《孝经集注》、王守仁《孝经大义》、陈深《孝经解诂》、归有光《孝经叙录》、李材《孝经疏义》、杨起元《孝经外传》《孝经引证》、虞淳熙《孝经迩言》《孝经集灵》《今文孝经说》、胡时化《注解孝经》《孝经列传》、吴执谦《复位孝经列传》、刘闵《孝经刊误》、邹元标《孝经说》、孟化经《孝经要旨》、李盘《孝经别传》、冯从吾《孝经义疏》、吴炯《孝经质疑》、陈尧道《孝经考注》、赵南星《孝经订注》、陈选《孝经集注》、曹元汴《补正孝经本义》、毕懋康《孝经大全》、蔡毅中《古文孝经集注》、吕维祜《孝经翼》、吴牲《校定孝经本义大全》、郑若曾《孝经阐注》、陆山《孝经正义》、龙文光《孝经秋订》、张鼎延《校定孝经大全》、孙本《古文孝经说》《孝经释疑》、朱鸿《孝经质疑》《孝经集解》、王元祚《孝经汇注》、陈仁锡《孝经小学详解》《孝经翼》、黄道周《孝经集传》《孝经本赞》、何楷《孝经集传》、张有誉《孝经衍义》、江旭奇《孝经疏义》《孝经考异》、瞿罕《孝经贯注》《孝经存余》《孝经考异》《孝经对问》、吕维祺《孝经本义》《孝经大全》《孝经或问》《孝经衍义》、冯梦龙《孝经汇注》、陈咨范《孝经求蒙》、朱鼎材《孝经考注》、张云鸾《孝经讲义》、陈三槐《孝经绎》、蔡复赏《编次孝经》、梅鼎和《孝经疏钞》、邹期相《孝经笔旨》、蔡景默《孝经衍义》、宫伟镠《孝经绪笺》、薛正平《孝经通笺》、张夏《孝经问业》、姜安节《孝经正义》、王复礼《孝经备考》、顾兰《孝经笺注》、熊兆《孝经集讲》、吴从周《父母生之章衍义》、江元祚《孝经大全》等。

　　明朝某些作者很有思想。如成化进士潘府认为《孝经》与《中庸》文体相似，首章孔子极言孝道之大，以告曾子，其下十二章，都是推衍

首章未尽之义。绝不是孔子先自作经，再自作传来加以解释。于是仿效
《中庸》格式作《孝经正误》一卷，也算是独出心裁。吕维祺对古注全
盘否定，言："愚既注《孝经本义》，已复梓比诸家之同异出入，孔传已
亡，郑说无征，唐注浮谫，邢疏繁芜，学士莫知所宗。"只认司马光《指
解》和朱熹《刊误》，实在过分。[114] 邱濬将弘扬孝道视为"治国平天下
之要"，说："孝弟之道，达之天下而谓之立者，尽吾爱亲之道于此，使
天下之爱其亲者，莫不以我为法，尽吾敬长之道于此，使天下敬其长者，
莫不视我以为准，此即所谓建中立极也。天下之人皆由吾君一人植立以
感化之也。"[115] 阳明学派创始人王守仁将其"存天理去人欲"的观点与
忠孝思想联系到一起，说："孝恐怕有一毫人欲间杂，只是讲求得此心，
此心若无人欲，纯是天理，是个诚于孝亲的心。冬时自然思量父母的寒，
便自要去求个温的道理；夏时自然思量父母的热，便自要去求个清的道
理，这都是那诚孝的心发出来的，条件却是须有这诚孝的心，然后有这
条件发出来。"[116] 明人《孝经》著述有的份量很大，如张有誉《孝经衍
义》六卷、杨守陈《孝经私钞》八卷、虞淳熙《孝经迩言》九卷、江元
祚《孝经大全》十卷、瞿罕《孝经贯注》二十卷、吕维祺《孝经大全》
竟达二十八卷。要知道今文《孝经》总共 1903 字，一般《孝经》注释
多为一卷，《十三经注疏》中的《孝经注疏》综合了多人的注疏，为九卷，
明人《孝经》类著作竟有其一倍两倍三倍的卷数，难怪清代学者有明人
学问"空疏浅陋"的评价。

　　清朝建立，统治者属意于以弘扬孝道来平息汉族的反抗。顺治皇帝
亲自用石台本，对《今文孝经》进行注释，成《御注孝经》一卷。康熙
皇帝又诏令臣工，仿《大学衍义》体例，成《钦定孝经衍义》一百零二卷，
镂板颁行。雍正皇帝为方便"诵习"，又诏令儒臣比照诸家《孝经》传注，
"精为简汰，刊其糟粕，存其菁华"，于雍正五年（1727）编成《御纂孝
经集注》一卷。在清代皇帝亲力亲为的表率下，清代《孝经》学发展至

古代最高峰。

清代学者对《孝经》和孝道的评价无比之高。如顺治十三年（1656）张能麟言："盖孝也者，天地之心也，生民之望也，圣学之脉也，治世之准也。而《孝经》之传，所以为天地立心，为生民立命，为往圣继绝学，为万世开太平；诚六经之总会，王道之渊泉也。"[117]王夫之言："古人云：'读书须要识字，一字为万字之本，识得此字，六经总括在内。'一字者何？'孝'是也，如木有根，万紫千红迎风笑。"[118]清雍正帝称："《孝经》者，圣人所以彰明彝训，觉悟生民，溯天地之性，则知人为万物之灵，叙家国之伦，则知孝为百行之始。人能孝于其亲，处称惇实之士，出成忠顺之臣，下以此为立身之要，上以此为立教之原，故谓之至德要道。自昔圣帝哲王宰世经物，未有不以孝治为先务者也。"[119]

清代《孝经》类著述数量和质量不同以往。我们粗略统计，清人关于《孝经》的著述除顺治、康熙、雍正帝三种以外，尚有：李光地《孝经全注》、毛奇龄《孝经问》、张能麟《孝经衍义》、叶鉥《孝经注疏大全》、马世英《孝经笺注初订》、耿介《孝经合解》《孝经易知》、吴之骒《孝经类解》十八卷、李之素《孝经正文》《孝经内传》《孝经外传》、陆遇霖《孝经集注》、冉觐祖《孝经详说》、朱轼《孝经注》《辑注孝经》、朱彝尊《经义考·孝经》、应是《读孝经》、吴隆元《孝经三本管窥》、陈鳣《集孝经郑注》、桂文灿《孝经集解》《孝经集证》四卷、孙念劬《孝经汇纂》三卷、汪绂（汪烜）《孝经章句》《孝经或问》、瞿中溶《校正今文孝经》《二十四孝考》、胡具庆《孝经章句》、任启运《孝经章句》、华玉淳《孝经通义》、汪师韩《孝经约义》、周春《孝经外传》《中文孝经》、卢文弨《孝经音义考证》、曹庭栋《孝经通释》、严可均《孝经郑氏注》、洪颐煊《孝经郑注补证》《孝经郑氏解》、阮福《孝经义疏补》、丁晏《孝经集注》《孝经述注》《孝经征文》、王泽厚《孝经启蒙新解》、傅寿彤《孝经述》《黄忠端孝经评断义》、邵懿辰《孝经通论》《孝经曾子大孝》《李氏孝经注辑本》、贺长龄《孝经辑注》、曹若枌《古文孝经集解》、张恩爵《孝经阐要》、曹元弼《孝经学》《孝经六艺大道录》、伊乐尧《孝经指解补正》《孝经辨异》、吴大廷《孝经今古文传注辑论》、汪宗沂《孝经十八章辑传》、潘任《孝经集注》《孝经讲义》《孝经郑注解疏》、洪良品《古文孝经荟解》、皮锡瑞《孝经郑注疏》、孙传澄《孝经旁训》、叶绳翯《孝经古微》《缮微读本》、简朝亮《孝经集注述疏》《读书堂答问》、张夏《孝经解义》、张栩《孝经浅释》、刘沅《孝经直解》、应㧑谦《孝经注》、窦克勤《孝经阐义》、官献瑶《孝经刊误》、劳潼《孝经考异选注》、臧庸《孝经考异》《孝经郑氏解辑》、陈熙晋《古文孝经述义疏证》、张锡荣《孝经章句读》《孝经问答》、方元衡《孝经浅注》、魏裔介《孝经注义》、蒋永修《孝经集解》、张星徽《孝经集解》、姜兆锡《孝经本义》、张叙《孝经精义》《孝经后录》《孝经或问》《孝经余论》、马其昶《孝经谊诂》、陈伯陶《孝经说》、陈宝鸿《孝弟图说》。还有阿什坦、留保及雍正间官方先后将《孝经》翻译成满文，供满人学习。

　　清代学术的主流是朴学，即考据之学。从朴学出发，清人对历代《孝经》之学进行了全面的整理和总结。毛奇龄《孝经问》一反元明诸家对朱熹《孝经刊误》的奉扬，从十个方面对朱本及吴澄《孝经定本》进行了驳诘。"一曰《孝经》非伪书，二曰今文、古文无二本，三曰刘炫无伪造《孝经》事，四曰《孝经》分章所始，五曰朱氏分合经传无据，六曰经不宜删，七曰《孝经》言孝不是效，八曰朱氏、吴氏删经无优劣，九曰闲居侍坐，十曰朱氏极论改文之弊"。毛奇龄此举实开启清代《孝经》朴学之风。康熙帝时，诏令臣下编纂《御定孝经衍义》，有"经旨总要"二卷、"衍义"一百卷，总共一百零二卷，其中仅士之孝，就分为"爱亲""敬亲""事君忠""事君忠""事长顺""事长顺"六卷，"其体例悉仿真德秀《大学衍义》一书，凡所引事先经后史，下逮诸家文集、名臣奏议、嘉言懿行有关孝理者，遍为采撷。若荀、扬而下诸子稗官，间有旁及，皆不以入正条。义例秩然，洵可以阐万化之原，广太和之治矣"[120]，是古代《孝经》类著述的集成之作。随之，朱彝尊著《经义考》三百卷，其中有《孝经》九卷，以历代《孝经》及其相关著述为纲，以历代学者的序跋研究评说为目，对自汉《今文孝经》《古文孝经》至明末吴从周《父母生之章衍义》的卷数、存佚或未见、内容特点和问题进行了全面记载和抄录，是古代《孝经》学最有价值的目录资料书。与此相类似的，还有康熙间马世英《孝经笺注初定》不分卷、嘉庆初孙念劬《孝经汇纂》三卷等。《东塾读书记》是陈澧研读经书读书笔记，总共十五卷，因"《孝经》为道之根源，六艺之总会"，"读经者当先读此经"，故而以《孝经》居全书之首。该书杂引诸家论《孝经》之说，而加按语，颇有心得。陈澧读经推崇郑玄诸经注，称："自魏晋至隋数百年，斯文未丧者，赖有郑君也。"他还专门对诸家怀疑《孝经》郑注或系之于郑玄之孙郑小同的说法进行了查考，发现诸书所引者虽多，然无以定为郑玄注，但《郊特牲》正义中引有王肃《难郑》云："社，后土也。句龙为后土。郑既云社后土，则句龙也，是郑自相违反。"因王肃引郑玄《礼记》注释同一词自相矛盾，从而认为这是三国王肃已认定《孝经》郑注者即郑玄。[121] 阮福《孝经义疏补》是在其父阮元指导下的作品，该书使用考据学方法，通过对唐玄宗注和邢昺疏进行校勘和补证，以图恢复《孝经》古义，在考究词义、追源古礼、疏理其事中，时有发明，被视为彰显汉学功臣。皮锡瑞《孝经郑氏注》认为："（郑君）注《孝经》亦援古礼，此皆则古称先、实事求是之义。"[122] 批评唐玄宗及朱熹删削《孝经》中所引《诗》《书》。据严可均四录堂本郑注，对郑注引典礼者，予之疏通证明，对诸家驳难郑义者，予之解释疑滞，以回击对郑注的怀疑和攻击，恢复郑注的真貌，且录引汉以前诸家征引《孝经》的文字，以证《孝经》非汉儒伪作，是清代十三经注疏中最有代表性的孝经类著作。

　　清代对《孝经》类著作的辑佚成果颇多。例如孙星衍《平津馆丛书》，辑佚了自先秦至唐代的相关文献二十五种。这些文献是：周魏文侯《孝经传》一卷、汉后苍《孝经后氏说》一卷、汉张禹《孝经安昌侯说》一卷、汉长孙氏《孝经长孙氏说》一卷、魏王肃《孝经王氏解》一卷、吴韦昭《孝经解赞》一卷、晋殷仲文《孝经殷氏注》一卷、晋谢万《集解孝经》一卷、齐永明诸王《孝经讲义》一卷、齐刘瓛《孝经刘氏说》一卷、梁武帝《孝经义疏》一卷、梁严植之《孝经严氏注》一卷、梁皇侃《孝经皇氏义疏》一卷、隋刘炫《古文孝经述义》一卷、唐元行冲《御注孝经疏》一卷、唐魏真己《孝经训注》一卷。他还辑有《孝经》纬书类著作多卷，即《孝经纬援神契》二卷、《孝经纬钩命诀》一卷、《孝经中契》一卷、《孝经左契》一卷、《孝经右契》一卷、《孝经内事图》一卷、《孝经章句》一卷、《孝经雌雄图》一卷、《孝经古秘》一卷。所有这些中古遗珍，即便片言半爪也极为珍贵。再如明项霦《孝经述注》，在《明史·艺文志》和朱彝尊《经义考》中皆无著录。四库馆臣从《永乐大典》中发现此本，然有编次脱佚，遂对其中所脱经文予以补葺，其所佚传文因世无别本，则仍其旧。"以其沉埋蠹简之内三百余年，世无能举其名者，今幸际昌期发其光耀，亦万世一时之遭遇。故特采掇出之，俾闻于后，不以残缺而废焉。"[123] 据统计，仅清代辑佚孝经郑注的就有朱彝尊、王谟、余萧客、孔广林、袁钧、陈鳣、严可均、洪颐煊、臧庸、黄奭、劳格、皮锡瑞、曹元弼、潘任、孙季咸等诸家。[124]

清人还对《孝经》及前代相关著述进行了细致的校勘考据。四库馆和武英殿两次对《孝经注疏》进行校勘，发现多条讹误。《开宗明义章》两条，其一为"仲尼居"，而古文作"闲居"。"考《说文》所引《孝经》皆古文，其于'居'字下引《孝经》'仲尼居'，即无'闲'字。则'闲'字为刘炫妄增。"其二为"爱敬尽于事亲"句，邢昺疏"度人既无守任，不假言保守也"，"刊本'言'讹'旨'，今改。"《三才章》"导之以礼乐而民和睦"句，邢昺疏"赵衰荐郤縠云"，"刊本'縠'讹'穀'，据《左传》

改。"《孝治章》"以事其先君"句，邢昺疏"祭享，谓四时及禘袷也。""按'不王不禘'，此经乃言诸侯之祭。疏兼'禘'言，盖误。"[125]等等。有对校，有他校，有理校，方法灵活，虽说校出来的讹误不足十条，却都是花费了巨大心血才发现并予纠正的。最重要的《孝经》校勘本是清嘉庆二十年（1815）阮元主持的《十三经注疏》本，该本以宋十行本为底本，辅以元明诸版，本着不"以臆见改古书"的精神，由方体、王赓等十几人"分经以校，续残补阙、证是存疑"，阮元"于退食余间，详加勘定"[126]，终于成书，每卷之后都有详细的校勘记，是二百年来学人使用最权威、最方便的本子。没有清人的精细校勘，我们到今天可能还会引用错误的文字而不自知。清代学者对《孝经》的考据比比皆是。如皮锡瑞《经学历史》一"经学开辟时代"有"孝经"一段，先是引《孝经纬钩命诀》断孔子已名该书为《孝经》，接着引《汉书·艺文志》《孝经郑注序》《史晨奉祀孔子庙碑》《百石卒史碑》断因其书为孔子所作故称经，然后引郑康成《六艺论》"孔子以六艺题目不同，指意殊别，恐道离散，后世莫知根源，故作《孝经》以总会之"，证《孝经》乃诸经中为最重要者，所以最先称为经。以不足三百字，就解决了《孝经》学中的三大疑问。《直斋书录解题》云："《御注孝经》一卷，唐孝明皇帝撰并序。……按《唐志》作《孝经制旨》"[127]，称唐玄宗《孝经注》与《孝经制旨》为一书。王昶《金石萃编》"石台孝经跋"辨言："考《新（唐）书·艺文志》'今上《孝经制旨》一卷'，注'元宗'二字，下又载'元行冲《御注孝经疏》二卷'。然则，《注》与《制旨》各自为书，犹《隋书·经籍志》既载梁武帝《中庸讲疏》一卷，又有《私记制旨中庸义》五卷也。邢昺疏于《庶人章》引《制旨》曰'嗟乎，孝之为大，若天之不可逃也'云云，《圣治章》引《制旨》曰'夫人伦正性在蒙幼之中'云云，其语甚详。陈直斋未见《制旨》，则宋时其书已佚，然邢氏之疏大半蓝本元疏，此二条必因行冲之旧。行冲撰疏时，旁引《制旨》以申御注，尤非一书之证。《经义考》及《关中金石记》并沿直斋之误，附辨于此。"[128] 王昶考证唐玄宗《御注孝经》与《孝经制旨》并非一书，堪称清考据学的经典之作。

光绪二十四年（1898）两湖书院刊曹元弼《孝经学》七卷，仅其所定书名，即开启近代《孝经》研究新格局，值得关注。

1911 年以来的百余年，对传统文化典籍《孝经》诠释的历程就是中华传统伦理调适自身、适应世界文明交互碰撞的过程。大体而言，1949 年以前研究界侧重义理阐发，兼有作者、成书时代考证及拟作；1950—1978 年绝少文章论及《孝经》，零星者也是对其全盘否定；1979—2000 年学界侧重在作者、成书年代、日本古文《孝经》的考辨上；2000 年以来《孝经》研究进入了繁荣期。百余年来，学者对《孝经》的注释研究，大体可分为六个方面。

第一，《孝经》综合研究。综合研究是对《孝经》的全盘分析。1949 年以前，邬庆时《孝经通论》认定《孝经》之义不仅为庶人而发，非特为家庭而言，非徒为曾子言。蔡汝堃《孝经通考》指出，《孝经》非汉后儒生所命名，《孝经》《论语》在鬼神是否存在这一问题上有不同认识，认为《孝经》为汉初儒者篡袭之产物，今之《古文孝经》乃汉初人依今文而伪纂者也。周予同《孝经概论》对《孝经》的篇第、版本、作者、《孝经》学派别进行了探讨和分析。马一浮《孝经大义》分七部分，提出《孝经》非顺俗之谈，乃显性之教。他通过人爵即德爵、以行显性等阐释策略，将《孝经》心性化，同时也将家庭伦理和政治伦理统一了起来。唐文治《孝经讲义》从"和顺""生机"角度看待孝道，主张"五等之孝"有专属义及旁通义，回击近代历史上的"非孝"论，认为《论语》《孟子》《礼记·曲礼》《礼记·祭礼》中的孝论是《孝经》之翼助，开启从心理视角解孝的先例，将经文的解读纳入到现代学术体系之中。1978 年以后，台北张严《孝经通识》对《孝经》郑注真伪、今古文《孝经》章法异同、《孝经》与经传关系、《孝经》大小传及传本、历代《孝经》纪事、历代《孝经》品评、经传孝悌论、历代类书著录《孝经》书目等进行了研究。宫晓卫《孝经：人伦的至理》打散《孝经》原本的章次，以"五等之孝"为根荄组合全书，体系逻辑严密。臧知非《人伦本原：〈孝经〉与中国文化》分为七章，认为"孝源于天"的说教虽来源于孟子的性善说，但并不是像孟子说性善，是为了说明人人可以成为孝子贤孙，而是为了说明孝道的神圣性。"五等之孝"中只有庶人之孝有事亲的实质性内容，其余讲的都是忠。王玉德《〈孝经〉与孝文化研究》分两编，上编以时间为序梳理了从先秦到 20 世纪《孝经》的流传，下编探讨了该经在经学史上的地位、历代研究方法、《孝经》与传统社会的关系、《孝经》与传统家庭的关系、《孝经》与传统思想的关系、《孝经》与其他孝文化书籍的关系、对《孝经》与孝道的反思等。

第二，《孝经》注释翻译。1949 年前，有池谷观海《孝经今释》、刘剑青《孝经文句释要》（1941）。1949 年后，黄得时《孝经今注今译》，每章分章旨、今注、今译三部分，注文鲜引先秦古籍或历代注本。台北陈铁凡《孝经郑氏解校诠》，对《孝经郑氏解》，先列经文，再用注疏解大义，紧扣经文自身涵义，较少发挥，用《群书治要》《经典释文》、旧辑本、《周礼》等进行校诠。1979 年以后，胡平生《孝经译注》分序论、译注、附录三部分，奠定了新时代《孝经》注译的模式，其代前言称，《孝经》的核心并不在阐发孝道，而在以"孝"劝"忠"。认为《孝经》是孔子讲述后，曾参加以记录整理，曾参的学生润饰加工而成。汪受宽《孝经译注》，分为前言、正文注释及译文、附录三大块，认为孝道"一方面，它是统治者欺骗民众的精神枷锁，用以巩固其统治的政治工具；另一方面，它以尊老敬老为核心，以稳定家庭和社会为目标，经过两千多年的提倡和传播，已经沉淀为我们民族道德观念和文化心理的重要内容"。曾振宇《孝经今注今译》，认为"孝属于家庭伦理，按照儒家逻辑，仁有爱他人和亲人两大维度，孝属于'爱亲人'之德。弘扬孝德对加强社会主义核心价值观有极大作用"。此外，还有黄得时、顾迁、臧知非、侯仰军、宫晓卫等人的注译本，吕友仁、吕咏梅《孝经全译》，邓洪波整理《孝经注疏》本等。

　　第三，《孝经》思想义理阐述。1949 年以前，曹元弼将《孝经》内容提炼为"爱"和"敬"，认为"孝者性也，性者立教之本也"。宋育仁认为"孝"和"礼"都指向了外王之道，而内圣之功须借外王之道以显，空谈尧、舜而卑视文、武不符先王之道。徐炯认为孝的来源是天，"和"字是《孝经》结穴所在，而"敬"则是其骨干。无名氏认为："《孝经·谏诤》章，意味着义之所在，下可逆上，子可逆父，非逆也，理也，谏之不从，亦可以鸣鼓而攻之。"徐景贤提出，"身体发肤，受之父母，不敢毁伤"不符合历史事实，太伯奔吴而文身就是一例。谢汝霖认为，五伦（五教），大小戴《礼记》《仪礼》《周礼》都是《孝经》之疏。章太炎说"研究做人之根本书，其实不外《论语》一部，《论语》之外，当为《孝经》"，认为"孝为人之天性，行之最易"。署名"鲁"者，将《孝经》全文囊括为"言满天下无口过，行满天下无怨恶"。姜履认为，曾子之所以能独传孝道，是因为"真积力久""彻始彻终""豁然一贯"。季子从人性的角度谈孝，先爱后敬，且皆为人之良知良能。齐燮元指出，"孝"有性情伦理（首父子、次兄弟、夫妇、君臣、朋友）和国家伦理（首君臣、次父子、兄弟、夫妇、朋友）。1979 年以后，刘学林、王楠认为，《孝经》强调"孝"、重视"孝"是对的，但片面夸大其作用，甚至把它说成是神圣的、万能的，无疑是错误的。李庆之从"孝为德之本的指导思想""自上而下地推行道德教化""倡导以德治国的思想""关于道德修养和社会风尚"来概括该书思想。商爱玲、周振超从《孝经》所指导的行为实践和所升华的核心价值两个层面，分析其如何有效发挥作用，进而成为稳固王权主义的坚强基石。侯润珍认为："《孝经》所宣扬的孝道观，既是建构中国封建社会伦理秩序的理论依据，也是形成中国封建社会单一化的人格塑造模式的决定性因素，还是形成中国封建社会因循守旧的保守性这一国民整体性格的重要制约因素。"邓立光把"孝"分为"最高理型"（天地根源价值）和"次级理型"（敬），可以理解为"体用"关系，形上形下两面兼说。朱克良将孝的教化内容厘定为"教民尊亲、事亲之道""在尊亲、事亲的基础上，推己及人"以及由"孝"而"忠"几个面上，推己及人是其中间环节。刘兆伟、刘北芦认为，传统孝呈现出"养""敬""顺"三个层次，地位高、权势大的人，其孝的外延更大，对社会所负的责任更重。康学伟认为《孝经》与《周易》中"天人合一"的哲学思想、上下尊卑的伦理思想和民本主义的政治思想共同构成了《孝经》孝道思想的理论框架。杨志刚、赵楠用图解方式把《孝经》思想提炼为"至德要道""孝为德本""孝道目标"。王贞认为，理想政治应该为"家国一体：以孝为中心的为君之德""忠孝合一：以孝为中心的为臣之道""孝顺天下：理想政治之景观建构"。庄振华认为："孝本身是一种不断保持投入自身、又让出自身之姿态的努力，是在持续一生的行孝之努力中，在不同的处境下唯变所适，不断更好地调整与维持这一姿态。"安会茹认为，人行孝的过程也是与道相通的过程。陈壁生考证，在古注中父子之伦和君臣之伦是分离的，他指出："所谓'移孝作忠'，实质上是针对士这一阶层移事父之敬去事君，才能做到忠。""言人是天地所生，王者所教，故父母虽生子，但有了天地的维度，子便非止父母所有，故父杀子，等同于杀人，当诛。"朱雷力主《孝经》不是美德伦理主题，而是行为取向，"孝"将礼制带入了伦理主体。李静认为，五等之孝的体例结构体现了"尊卑有序的编辑原则""开放融合、兼容并包的编辑态度"。宋丽静分析了今古文《孝经》的三方面的差异。

　　第四，《孝经》的现代价值。1949 年以前，孙中山先生说，《孝经》之忠与孝，"在国家之内，君主可以不要，忠字是不能不要的"。现在可以忠于国、忠于民、忠于事。还说："讲到孝字，我们中国尤为特长，尤其比各国进步得多。《孝经》所讲究的孝字，几乎无所不包，无所不至。现在世界中最文明的国家，讲到孝字，还没有像中国讲到这样完全。国民在民国之内，要能够把忠、孝二字讲到极点，国家才自然可以强盛。"曹锟力倡《孝经》乃"吾国立国之大本"，提出"治国者以正人心为本，正人心者以孝为本"。顾实提出以《孝经》救国。傅佩青认为："以今日而论，我国民族合群御侮，捐躯报国，而《孝经》所谓孝之始则教人爱身惜死。信奉此教，则应以无抵抗亡国。"周予同认为，《论语》中"仁"比"孝"次阶更高，《孝经》把"孝"抬到如此高度并不适应现代社会。陈子展指出，"世传《孝经》可以祛灾禳祸，是皆在存疑之列也"。刘楚湘声明《孝经》即国本。熊十力认为，《孝经》论孝是奴化民众，"因此，便视忠君为人道之极，更不敢于政治上考虑君权之问题"。1949 年以后，熊十力认为《孝经》是"大义"，只为汉制法，指出：《孝经》一书，务为肤阔语，以与政治相结合，而后之帝者'孝治天下'与'移孝作忠'等教条，皆缘《孝经》而立。""文革"时期，学界对《孝经》一片骂声。如西北大学团委学生会理论组发表《〈孝经〉是维护剥削阶级统治的反动武器》，中共铜川市委宣传部理论组发表《彻底戳穿〈孝经〉的反动实质》，认为《孝经》是维护反动地主阶级专政、束缚劳动人民的精神枷锁。1979 年以后，杨伯峻说："《孝经》一书，实在值不得去读它，但历代封建统治者便利用它为政治服务，以达到他们屡世相传的政治目的，因而历代都受推尊。"周鸿彦提出："今天，面对市场机制下的社会主义经济发展，也必然呼唤着新型伦理道德的建设。在摒弃了传统伦理道德的糟粕以后，我们也可以从汉唐以'孝治天下'的经验中得到些启发，重新建立今天的社会主义精神文明新秩序。"宁业高等认为，要鉴辨传统孝文化的精华与糟粕，将其精华部分与时代精神融合，把教育有机地纳入社会主义精神文明建设中去。舒大刚指出，《孝经》的现代价值有三：爱惜身体、爱同类的"仁"、所敬者若不"仁义"则可争之谏之。史少博认为：“《孝经》之'孝'从'亲亲'的家庭伦理出发，将人与人的关爱之情、责任之心，推而至于整个社会和国家，将其属于父子之亲、母子之情的伦常关系，与上下等级、友朋交谊、君臣之道、夫妇关系等结合起来，从而端正人心，纯化情感，改善关系，达到和谐。”王爱和、岳永红认为《孝经》教育思想对当代教育和管理有借鉴意义。卢明霞、王立仁指出：“谏诤为孝体现了一定的民主思想，尤其应该加以发扬。”方磊说：“尽管《孝经》具有种种的矛盾与缺陷，但是它其中蕴涵的积极、正面的思想，它注重人伦关系的仁爱之心正是我们这个时代需要的，是建设新型社会主义精神文明的内容之一。”罗丽榕认为，五等之孝的积极意义有：行孝主体普遍性、行孝内容针对性、行孝境界层次性、行孝过程连续性、行孝行为示范性。陈禹含提出“孝”的行为是一种自由的选择活动，中国人现在走的就是从血缘关系网中找到自我独立存在的道路。

第五，《孝经》的作者及成书年代。百年来，学者对《孝经》的作者与成书年代说法很多。王正己认为《古文孝经》是刘向之前无名氏伪托，《今文孝经》由孟子门弟子成书于庄子以后、《吕氏春秋》以前；张孟劬、邬庆时、李庆富、齐燮元、宁业高、舒大刚认为是孔子所作；朱明勋认为是七十子之徒成书于前 241 年以前；姚步康、侯希文认为是曾参所作；陈壁生认为成书于鲁哀公十四至十六年（前 481—前 479）；张涛认为是曾参弟子成书于战国初年魏文侯在位之时（前 445—前 397）；伏俊连认为是曾参弟子成书于战国末期；周予同认为是七十子后学的作品；汪受宽认为可能是子思撰于公元前 428—前 408 年；李文玲认为是子思学派的作品；文录认为作于周敬王四十年、鲁哀公十五年（前 480）；黄中业认为成书于前 239—前 238 年；袁青认为成书于魏文侯和《吕氏春秋》成书之间；杨伯峻认为成书在公元前三世纪早期，或公元前 230 年左右；臧知非认为集体整理记录于《左传》

之后、前 249 年以前；张晓松认为集体创作于春秋末期；段江丽认为先秦两汉经几代儒家人物成书；陈子展主张"不知作者为谁，也不知成书年代究在先秦、抑在汉初"。耿天勤论证《孝经郑氏注》的作者是郑玄。台北张严认为《古文孝经》为王肃伪作。刘增光认为，《古文孝经》作于曹魏时期。

第六，《孝经》文献与资料。"颂生"发表《孝经集目》，搜罗了现存所有《孝经》注释文献目录共 88 种。吴平编有《孝经文献集成》16 册。骆承烈等辑校《中华孝文化集成》12 册。王玉德讨论了《孝经》与先秦典籍的关系。陈居渊认为，《周易》与《孝经》有自然的融通。葛立斌指出《孝经》引诗形成了"孝"论体系下独特的《诗》学思想。毛振华认为《孝经》引诗应该有一个"古本"作依据。黄浩波、刘娇、刘乐贤、魏振龙、唐宸、张德芳先后对河西地湾、肩水金关、海昏侯墓等出土汉简《孝经》文字进行了探讨。刘重恒声述"夫石台《孝经》见存群石经之最古者也"。顾永新论述了传为贺知章草书的《孝经》与唐宋时代《孝经》文本的演变。马衡对宋范祖禹书《古文孝经》石刻进行校释，且认定"古文《孝经》石刻在孝宗朝以后"。舒大刚校定范祖禹书大足石刻《古文孝经》，指出这是目前真正最早的《古文孝经》版本，认为今传《古文孝经指解》并非司马光原本。吕冠南研究了敦煌《孝经注》残卷的文献价值。许建平对现存敦煌文书《孝经》残卷进行了通盘整理研究和校录。李学勤指出日胆泽城遗址漆纸文书《古文孝经》的发现，确证了日本传流的《古文孝经》不伪。舒大刚、尤潇潇指出，日本《古文孝经孔传》并非中国汉唐所传孔安国本《古文孝经孔传》。顾永新探讨了《孝经郑注》是如何回传中国的。杨新勋认为明末江元祚所编《孝经大全》中的《孝经疏钞》，与亡佚的元行冲疏没有关系。陈一风认为刘向整理的《孝经》本子是藏于秘府的古文经本，而非今文经本。陈一风认为，唐玄宗《孝经制旨》《孝经注》是同一本书，《孝经正义》中所引用的"制旨"是零散的关于《孝经》的言论。程苏东以京都大学所藏刘炫《孝经述议》残卷为中心，对相关问题进行全面的探讨。

第七，《孝经》学史。有台北陈铁凡《孝经学源流》、舒大刚《中国孝经学史》、陈壁生《孝经学史》等专著。《孝经学源流》按时间顺序，梳理讨论了《孝经》学的相关问题，包括《孝经》在各少数民族地区和域外流传的情况，提出了许多不同于时贤的见解，并附有孝经今古文传解注汇辑、孝经学系年纪要、孝经学著述要目等资料。肖永明、罗山、任强等对《孝经》研究进行了综述，孟庆波、孙杨杨等评介了西方汉学界《孝经》研究。陈柱认为，《孝经》是"孔子论孝之言之尤精要者，故名之曰《孝经》"。何廷璋认为："圣人训经为常法，以经为书之名，且实自《孝经》始。"舒大刚认为，《孝经》书名系取自《三才章》首句"夫孝天之经"。刑文认为《孝经》学在战国之季就已经发生，萌生之初就与天子之事相关。刘静认为《孝经》是先秦儒家的智慧结晶。戴木茅从《孝经》分析周秦汉如何将孝从家庭伦理转变到政治义务。陈子展认为《孝经》与释道关系密切，汉代因汉文帝说"孝悌，天下之大顺"而重视孝道。王玉德认为重视孝道与《孝经》是汉代文化的重要特点。李沈阳认为汉代是《孝经》学的初步发展时期。秦进才勾勒了两汉《孝经》传播与社会上行孝的情形。陈壁生认为郑玄《孝经》注表现为一种政治设计，使人灵魂之内秩序与政治秩序合一。任蜜林认为《孝经》纬书的"孝"中加进了"气"和感应。朱明勋分析魏晋六朝《孝经》研究三大变化。张泓从《搜神记》中的孝行探讨《孝经》在魏晋六朝的流传。林飞飞分析了六朝《孝经》流传和佛教掺杂相交。刘增光认为，刘炫的《古文孝经》解释体现出了法律的儒家化和儒家经学对法家思想的吸收。潘忠伟从东晋朝政论《孝经》郑注地位上升的缘由。张榕从梁武帝的孝行和《孝经义疏》论述其著述和行为于士人、朝政的意义。窦秀艳详细考察了历代官私目录中《论语》《孝经》的经部地位。姜广辉、禹霏讨论了汉唐两朝对《孝经》的推崇。赵楠解读了唐杨满山《咏〈孝经〉十八章》的特点。陈一风论述了唐玄宗注《孝经》的原因及其内容特点。陈壁生认为明皇改经使《孝经》变成时王教诲百姓的伦理书。金滢坤探讨了唐代启蒙教育中要求读《孝经》的原因。董永强论述了唐代西州百姓用《孝经》陪葬习俗。杨志刚讨论了《孝经》与《唐律疏议》的关系。舒大刚总结了宋代《古文孝经》学三大特点。朱明勋认为朱熹《孝经刊误》使疑经与编外传成为两大潮流。王玉德研究了《孝经刊误》的是非及朱熹的治学态度与精神。单侠讨论了宋代《孝经》学研究及其成就。陈壁生论说了朱子对《孝经》的改造，成为其后《孝经》学共同的特征。陈炳应对俄、藏、西夏文《孝经》进行了回译和研究。贾常业研究了西夏文译本《论语全解》和《孝经传》中的避讳字，证明西夏文避讳字的出现。孙颖新考察了英国国家图书馆藏《孝经》西夏译本。马慧、高乐分别对元代贯云石《孝经直解》进行了研究。李静雯、杨亮认为明代朱鸿编《孝经总类》是其《孝经丛书》的后来之本。郑晨寅、汤云珠、许卉先后论述了黄道周忠孝实践及其《孝经集传》的价值地位。陈居渊研究了吕维祺《孝经大全》的学术思想特色。曹晔分析了吕维祺一生的孝道遵循从亲人到国家的次序，现代意义突出。胡恒、朱明勋、戴萍波讨论了清代《孝经》研究的阶段及特点。吴仰湘考察了清儒对郑玄作为《孝经郑氏注》作者的回护，驳斥刘知幾的"十二验"。李敬峰认为晚清刘古愚的《孝经本义》开启了《孝经》现代化的历程。刘增光、任新民分别研究了熊十力的《孝经》观与孝论。于文博认为马一浮《孝经大义》对"五等之孝"的处理方式是将社会等级置换成道德层级，人人皆可修养成德，因而具有现代价值。

此外，吴崇恕、李守义讨论了二十四孝与《孝经》的关系，季蒙、程汉、杨志刚、史少博分别将《孝经》与西方伦理进行比较。

五、《孝经》的影响与时代价值

汉代纬书《孝经钩命决》言："孔子曰：吾志在《春秋》，行在《孝经》。"[129] 意思是，孔子的政治理论寄托在《春秋》之中，孔子的实践方法著明在《孝经》之中。《孝经》论说人们要行孝道、如何行孝道，并鼓吹统治者以孝道治天下，将道德、伦理和政治社会揉为一体，适应了古代立国之本的农业经济和以宗法家族为基础的社会结构的需要，因而受到历代统治者的尊崇和提倡，成为皇子臣僚士子百姓教育的基本教材，成为统治者教化的根本和治国的方略。

汉高祖定都长安后，马上高举孝道的旗帜，尊称其父为"太上皇"，且下诏言："人之至亲，莫亲于父子。故父有天下传归于子，子有天下尊归于父，此人道之极也。"自汉惠帝始，汉代诸帝的谥号中都有一"孝"字，称孝惠帝、孝武帝等。颜师古解释说："孝子善述父之志，故汉家之谥，自惠帝已下，皆称孝也。"[130] 原来，汉代皇帝谥号用"孝"字，是表明其坚持继承和执行了乃祖乃父的事业和意志。自此直至清朝，皇帝的谥号一般都带有"孝"字，孝成为历代皇帝德行的最高追求。文帝开始设置《孝经》博士，给研究《孝经》有成绩者以优厚的俸禄，给孝悌者赐予布帛，让他们在民间作为倡导孝行的榜样。汉武帝以"旅耆老，复孝敬，举孝廉"作为其提倡和贯彻孝道的具体措施，并将《孝经》作为对太子、诸王进行教育的主要教科书，形成制度。宣帝在继位前即遵照要求，跟随经师学习《孝经》。平帝元始三年（3）地方各级立学官，规定"郡国曰学，县、道、邑、侯国曰校。校、学置经师一人。乡曰庠，聚曰序。序、庠置《孝经》师一人"[131]。《孝经》成为官定的学校教本，迅速传播开来。两年后，征召天下有学问者及以五经、《论语》《孝经》《尔雅》教授者到京师，总计竟达数千人。东汉诸帝不仅要求皇太子学习《孝经》，而且要求天下人都讲诵《孝经》，以《孝经》师监督考试，经常褒奖孝行卓著者，以孝道作为王朝的国策。有人将《孝经》作用神化，东汉末年，黄巾军起，朝廷讨论如何平定，侍中向栩竟上书言："但遣将于河上北向读《孝经》，贼自当消灭。"[132]

魏晋南北朝时，各朝都将《孝经》立于学官，广加传播。三国时，诸多学者以研习《孝经》名家，杨阜甚至引《孝经》"天子有争臣七人，虽无道不失其天下"之说，强烈谏止魏明帝造作新宫。晋代帝王不仅亲自讲习《孝经》，而且多次举行皇太子讲《孝经》的活动。南朝的好几位帝王亲自注释和宣讲《孝经》，太子、诸王乃至群臣亦时时集会讨论《孝经》。梁武帝创设研究《孝经》事务的专门官职——置旨《孝经》助教一人，生十人，"专通高祖所释《孝经义》"[133]。梁昭明太子三岁时就听师傅讲授《孝经》，几年后尽通其大义，于寿安殿讲《孝经》。为了普及《孝经》和孝的伦理，学者编出了《孝经图》《大农孝经》《正顺孝经》《女孝经》等书。《孝经》之学成为显学。北朝《孝经》也得到广泛传播。北魏孝文帝诏令侯伏侯可悉陵将《孝经》译成鲜卑语，"教于国人，谓之《国语孝经》"[134]。宣武帝和孝明帝都曾亲自主讲《孝经》。北齐天保九年（558）太子监国集诸儒讲《孝经》。北齐后主高纬亲自选请马元熙为太子师，给太子讲授《孝经》。南北朝时编成的《宋书》和《魏书》虽然互相攻击为非正统，却不约而同地都设立《孝感》专传，为天下人树立孝道的榜样。更有宋王昭之撰《孝子传赞》三卷、晋辅国将军萧广济撰《孝子传》十五卷、员外郎郑缉之撰《孝子传》十卷、师觉授撰《孝子传》八卷、宋躬撰《孝子传》二十卷、佚名撰《孝子传略》二卷、梁元帝撰《孝德传》三十卷、佚名撰《孝友传》八卷等专门记载历代孝悌者的传，可见魏晋南北朝时孝道在民间的影响之大。敦煌卷子中有《孝子传》，或亦六朝人所撰，其中收录有自舜至六朝三十位孝子的传记，内有开元二十三年（735）的纪年，似为唐人补充之作。北齐颜之推著《颜氏家训》，言："自荒乱已来，（王公子弟）诸见俘虏。虽百世小人，知读

《论语》《孝经》者，尚为人师，虽千载冠冕，不晓书记者，莫不耕田养马。以此观之，安可不自勉耶！若能常保数百卷书，千载终不为小人也。"[135]教训子弟要勉学《论语》《孝经》，即使在乱世中亦可不为"小人"。

国子祭酒元善给隋文帝讲《孝经》，"敷陈义理，兼之以讽谏"，文帝很受启发，赏以绢百匹、衣一袭。大臣郑译是杨坚篡国的谋划者，但其却因与母亲别居，被谏臣所劾，文帝杨坚不得已将其暂时贬斥，下诏道："（郑）译嘉谋良策，寂尔无闻；鬻狱卖官，沸腾盈耳。若留之于世，在人为不道之臣；戮之于朝，入地为不孝之鬼。有累幽显，无以置之。宜赐以《孝经》，令其熟读，仍遣与母共居。"[136]用读《孝经》的办法让其改悔不孝行为。可见孝道在隋朝野的巨大影响。

唐代从高祖李渊起，就竭力提倡《孝经》，宣扬孝道。高祖下诏称："人禀五常，仁义为重；士有百行，孝敬为先。……朕恭膺灵命，抚临四海，愍兹弊俗，方思迁导。"[137]唐太宗亲自到太学听经师孔颖达讲《孝经》，并选拔"甚知刚直、志存忠孝"的王珪担任魏王泰之师，以便对皇子加强孝悌教育。太子承乾数亏礼度，侈纵日甚，太子右庶子孔颖达撰《孝经义疏》，"因文见意，愈广规谏之道"，受到太宗的奖励。贞观中，突厥人史行昌在玄武门前值班，用餐时，他将肉挑出留下，别人问其缘故，他答道："归以奉母。"唐太宗听说此事后，感叹道："仁孝之性，岂隔华夷？"将自己的一匹乘马赐给史行昌，诏令给其母肉料，传为美谈。[138]高宗李治幼年，听著作郎萧德言讲授《孝经》，唐太宗问："此书中何言为要？"李治回答："夫孝，始于事亲，中于事君，终于立身。君子之事上，进思尽忠，退思补过，将顺其美，匡救其恶。"太宗高兴地说："行此，足以事父兄，为臣子矣。"[139]高宗一继位，就下诏以《道德经》和《孝经》为上经，作为贡举者的必修之课。唐玄宗于天宝三年（744）下诏："自今以后，令天下家藏《孝经》一本，精勤诵习。乡学之中，倍增教授。郡县官吏，明申劝课。"[140]唐代科举孝试中设童子科，规定十岁以下，能通一经，以及《孝经》《论语》每卷诵文十通者予官，通七经者予出身。自此以后，《孝经》更广为流传，民间纷纷传抄诵读。连当时僻居西陲的敦煌学子，也大量抄录该书。在敦煌遗书中，学者检出了 29 个编号的《孝经》卷子。受唐朝影响，日本天长十年（833）仁明天皇作为皇太子行"御读书始"之礼，讲习《孝经》，以后成为定制。

五代十国《孝经》的影响仍很大。幽州节度使赵德钧之孙赵赞，五岁就能默念《论语》《孝经》，后唐明帝特赐其童子及第，以示提倡。对不孝行为处置很严。缑氏县令裴彦文，事母不谨，被诛。襄邑人周威，父亲为人所杀，却想与仇家和解，后唐明帝下诏赐其死。[141] 五代时《孝经》对邻国也有影响，后周恭帝时，高丽国朝贡使，就进呈了《别序孝经》等四种《孝经》类书籍。[142]

宋太宗说"《孝经》百行之本"，两次亲自书写《孝经》刻碑[143]。宋真宗在为太子时，就请当世名儒为其讲授《孝经》，即位后亲自作《孝经诗》三章，与群臣唱和。御前忠佐马步军头冯某，"虽在军旅，数以《孝经》《论语》为人讲说"，真宗召见让他讲《孝经》，他讲《天子章》，并发挥道："自天子至于士，不可以无学，学不必博，《孝经》《论语》皆圣人以诲学者言行之要。臣愚不足以尽识，然所以事陛下，不敢一日而忘此。"[144] 令真宗嗟叹久之。宋仁宗召集辅臣到崇政殿观讲《孝经》。宋英宗以仁宗养子身份继位后，礼官议以仁宗配明堂，知制诰钱公辅等以仁宗非英宗之父，而引《孝经》"昔者周公郊祀后稷以配天，宗祀文王于明堂以配上帝"，及"孝莫大于严父，严父莫大于配天，则周公其人也"，驳斥礼官以仁宗配明堂之议。南宋高宗亲书《孝经》赐给大臣，刻于金石，颁于天下州学。司马光建议，对资荫者也要"使之习《孝经》《论语》，傥能尽期年之功，则无不精熟矣！其文虽不多，而立身治国之道尽在其中"[145]。楚州山阳人徐积，"孝行出于天禀。三岁父死，旦旦求之甚哀，母使读《孝经》，辄泪落不能止。事母至孝，朝夕冠带定省。……以父名'石'，终身不用石器，行遇石则避而不践，或问之，积曰：'吾遇之则怵然伤吾心，思吾亲，故不忍加足其上尔。'母亡，水浆不入口者七日，悲恸呕血。庐墓三年，卧苫枕块，衰绖不去体，雪夜伏墓侧，哭不绝音"[146]。

辽、金、西夏、元等民族政权的统治者，也无不以提倡孝道作为其治国之本。辽圣宗关爱诸侄，经常教诫道："汝勿以材能陵物，勿以富贵骄人，惟忠惟孝，保家保身。"[147]辽宗室耶律安抟"事母至孝""居父丧，哀毁过礼，见者伤之"。参知政事邢抱朴"以母忧去官，诏起视事。表乞终制，不从；宰相密谕上意，乃视事。人以孝称"[148]。金朝帝后、世子、臣僚多研读《孝经》，而且有所发明。金世宗认识到"人之行，莫大于孝"，刊印一千部《孝经》赐于护卫亲军，使之教读，让他们懂得臣子之道。[149]尚书礼部郎中移剌履向金世宗推荐司马光《古文孝经指解》，说："臣窃观近世，皆以兵刑财赋为急，而光独以此进其君。有天下者，取其辞施诸宇内，则元元受赐。"[150]教育皇帝实行孝治，以有益于百姓。金朝有以女真文翻译的《国语孝经》，金章宗诏令亲军三十五岁以下者都要学习《孝经》和《论语》。朝廷规定，以唐玄宗注《孝经》作为士子研习的读本，且将其刊刻，颁发各级学校。西夏帝元昊于景祐元年（1034）亲自创制西夏文字，"教国人纪事用蕃书，而译《孝经》《尔雅》《四言杂字》为蕃语"[151]。俄藏 Инв.No.2627 文书，就是夏仁宗时（1140—1193）佚名译制的一部西夏文草书《孝经》。学者研究，其原文系宋绍圣二年（1095）吕惠卿的注本，吕氏《孝经》注原已失传。西夏文译《孝经》，蝴蝶装，共存 77 页，全书保存完整，正文与汉文本基本上相同，只有某些地方据西夏实际略有改动，如第三章的标题汉文本为"诸侯章"，西夏文本则作"诸王章"，成为西夏政权重视孝道的明证。

还在成吉思汗时，道士丘处机就借震雷事劝大汗教民尽孝，言："尝闻三千之罪，莫大于不孝者，天故以是警之。今闻国俗多不孝父母，帝乘威德，可戒其众。"成吉思汗回答："神仙是言正合朕心。"遂命手下人以回纥蒙古字记录，以遍谕国人。大德十一年（1307），中书右丞相孛罗铁木儿进献新译成蒙古字《孝经》，受到褒奖。刚继位的元武宗下诏言："此乃孔子之微言，自王公达于庶民，皆当由是而行。其命中书省刻板模印，诸王而下皆赐之。"[152]元顺宗皇后奇氏，高丽人，"后无事，则取《女孝经》、史书，访问历代皇后之有贤行者为法"[153]。元惠帝时，翰林学士李好文认为："欲求二帝三王之道，必由于孔氏，其书则《孝经》《大学》《论语》《孟子》《中庸》。"乃摘其要旨，释以经义，又取史传及先儒论说，有关治体而合乎经旨者，加以所见，为书十一卷，名曰《端本堂经训要义》，奉表以进，惠帝诏付端本堂，令太子习焉。[154]元朝颁定国子学学制，规定"凡读书，必先《孝经》、小学、《论语》、《孟子》、《大学》、《中庸》，次及《诗》《书》《礼记》《周礼》《春秋》《易》。博士、助教亲授句读、音训，正、录、伴读以次传习之。讲说则依所读之序，正、录、伴读亦以次而传习之。次日，抽签，令诸生复说其功课。"[155]元郭居敬搜集自先秦至宋历代孝子故事，编为《二十四孝》一书，包括虞舜"孝感动天"、老莱子"戏采娱亲"、郯子"鹿乳奉亲"、子路"为亲负米"、曾参"啮指心痛"、闵损"芦衣顺母"、汉文帝"亲尝汤药"、蔡顺"拾葚供亲"、郭巨"埋儿奉母"、董永"卖身葬父"、丁兰"刻木事亲"、姜诗"涌泉跃鲤"、陆绩"怀桔遗亲"、黄香"扇枕温衾"、江革"行佣供母"、王裒"闻雷泣墓"、孟宗"哭竹生笋"、王祥"卧冰求鲤"、杨香"扼虎救父"、吴猛"恣蚊饱血"、庚黔娄"尝粪心忧"、崔夫人"乳姑不怠"、黄庭坚"涤亲溺器"、朱寿昌"弃官寻母"等二十四个故事，虽然其中有些是伤生愚孝之举，却因其通俗易懂，情节感人，而迅速传播，以至家喻户晓，深入人心。

　　托钵僧出身的明太祖朱元璋似乎并没有读过《孝经》，明人所编《明太祖文集》二十卷，竟然无"孝经"二字。但他凭本能也知道孝道对皇朝的作用，称："贤之所学，初笃明孝亲。笃明孝亲者何也？盖父母之亲天性也，加以笃明，是增孝也。孝之既明矣，然后乃能事君，所以忠于君而不变为奸恶者，以其孝为本也。"[156]"明太祖诏举孝弟力田之士，又令府州县正官以礼遣孝廉士至京师。百官闻父母丧，不待报，得去官。割股卧冰，伤生有禁。其后遇国家覃恩海内，辄以诏书从事。有司上礼部请旌者，岁不乏人，多者十数。激劝之道，綦云备矣。"[157]以武力夺得亲侄皇位的明成祖依前圣所言，对子女的孝道教育抓得很紧，其第五女淑慧"恭慎，动止有礼，通《孝经》《女则》《列女传》"[158]。明孝宗为皇储时就已熟读《孝经》等书。明宫中有专门教育宫女的制度，选二十四衙门"多读书、善楷书、有德行、无势力者"任教书，教导宫女读《百家姓》《孝经》《女训》《女孝经》等书，"学规最严，能通者升女秀才、升女史、升宫正司六局掌印。凡圣母及后妃礼仪等事，则女秀才为引礼赞礼官也"[159]。《明史·孝义列传》二卷，首以八页篇幅收录自洪武至崇祯间受朝廷旌表事迹尤著的事亲尽孝者千余人，三十余户五世六世同堂的和睦家庭，还收有百余孝子的传。由此不难看出明朝廷提倡的孝行如何。比如元末明初浦江（今属浙江金华）郑濂，在《宋史·孝义传》《元史·孝友传》中都载有其先人孝义事迹，其家累世同居，几三百年，入明后，其同居一家的竟达数百口之多，有家范九十二则，更有刺血疗父、兄代弟死之事，明太祖曾亲自召见郑濂，问其治家之道，并征其家年三十以上子弟赴京，任以官职，建文帝御书"孝义家"三字赐表其门。虽说从明太祖起就严禁割股卧冰伤生之举，但在《明史·孝义传》中，仍颇有"母患恶疮，茂日吮脓血""父得危疾……刲股六寸许，调羹以进""祖母疾，刲股疗之愈""祷岱岳神，母疾瘳，愿杀子以祀。已果瘳，意杀其三岁儿"之类的"孝行"。

清朝统治者不遗余力地倡导孝行、推崇《孝经》。入关不久，面临汉人的坚决反抗，朝廷就以顺治皇帝的名义，编成《御定孝经注》，"庶几发蒙启锢，四方亿兆，咸知效法，而久迪共底于大顺之休焉！夫如是，将见至德要道由此而广，和睦无怨由此而成矣"[160]。清雍正帝称："夫《孝经》一书，词简义畅，可不烦注解而自明。诚使内外臣庶，父以教其子，师以教其徒，口讽其文，心知其理，身践其事，为士大夫者能资孝作忠、扬名显亲，为庶人者能谨身节用、竭力致养家庭，务敦于本，行间里胥向于淳风。如此则亲逊成化，和气薰蒸，跻比户可封之俗，是朕之所厚望也夫！"[161]清朝"自雍正元年会试，为始二场论题，宜仍用《孝经》，庶士子咸知诵习，而民间亦敦本励行，即移孝作忠之道，胥由乎此"[162]。书院"读书之法，经为主，史副之。四书本经、《孝经》，此童而习之者"[163]。国子监有康熙帝钦定《孝经衍义》供学子阅读，又有雍正帝《御纂孝经》书版，随时刷印供教学之用。清朝大力表彰孝子节妇，规定"直省及府、州、县、卫分别男女，每处各建二祠，一为忠义孝弟祠，建于学宫之内，祠门内立石碑一通，将前后忠义孝弟之人，刊刻姓氏于其上，已故者设位祠中；一为节孝祠，别择地营建祠，门外建大坊一座，将前后节孝妇女标题姓氏于其上，已故者设位祠中"。同时规定，"旌表孝子、顺孙、义夫、节妇，惟孝妇旌表未有成例，但妇女孝行无亏，宜邀旌典，应准给建坊银三十两，其节孝祠题坊照恩诏遵行"[164]。清嘉庆、咸丰间，两度整理出满文和汉文合璧的《孝经》，刊印后颁行中外，供士子讲习。清光绪初，广西巡抚涂宗瀛见当地"苗、瑶、倮儸犷悍梗化，檄所属广建学塾，刊《孝经》、小学诸书，使之诵习；又自撰歌词以劝戒之"[165]。清朝开孝廉方正之科以举人，但时亦有急功近利以伪装混迹而名不副实者，如扬州府某人，应举为孝廉方正，转过身来就强向其徒借钱而被告发。时人言"孝于妻，廉于与，方于步，正于面"[166]，这样的孝廉方正，要之何益？

　　《孝经》及其所提倡的孝道在中国历史上的影响巨大。从一方面看，它是统治者欺骗民众的精神枷锁，用以巩固其统治的政治工具。从另一角度看，它以尊老敬老养老为核心，以维系家庭和社会稳定为目标，经过两千多年的提倡和传播，已经沉淀为我们民族道德观点和文化心理的重要内容。

　　今天，毕竟时代不同了，对《孝经》和孝道不可盲目肯定，而应该有分析、有批判地予以发扬或摒弃。《孝经》所提倡的孝道作为我们民族的传统美德之一，有许多值得发扬的东西。第一，儿女要勇于担负供养侍奉父母的责任。父母给了儿女生命，又含辛茹苦将他们养育成人，在父母健康时儿女就应该尽孝道，给予经济补贴，生活照料，精神慰藉，使其供给无虞、生活更充实有意义。在父母丧失劳动能力或生活自理能力以后，儿女更应该尽心供养，使其生活有保障，享受天伦之乐，安度晚年。这种供养要求并不很高，尽心尽力而已。至于像东汉郭巨那样为了省下钱供养继母而活埋了刚出生的儿子，像晋人王祥那样去卧冰求鱼，像唐人何澄粹那样割大腿上的肉煮了给父亲治病，我们要理解他们是不得已而为之，但更要认识到那是绝对不可学习的，因为这样做既毫无作用，也是违背孝的根本宗旨的。第二，要发扬尊亲的美德，让父母心情舒畅、愉快。老人往往有脾气，儿女就要学会忍耐，对其尽可能地尊重、理解，而不能针锋相对，激化矛盾。至于"不孝有三，无后为大"的说法，就应该予以摒弃。因为历史发展至今天，人们早已不把生命的意义与儿孙满堂联系在一起，人们更讲究的是不断提高生活质量和健康水平。第三，要不辱父母。为了父母，为了自己，我们都要尽量防止身体受到伤害，不轻易冒险。要遵纪守法，爱国爱家，敬于所事，讲求信誉，廉洁自励，勇敢无畏，在任何时候、任何地方，都不给生养自己的父母丢脸。在日常生活中，要讲究文明礼貌，对别人尽量礼让，不要秽言满口，恶语伤人，甚至动辄老拳相向，以至辱身羞亲。但古人不顾一切地追杀父母仇人的行为，是法制社会绝对不能允许的。只能求诸法律，去解决问题。第四，社会发展至今天，古人所说的孝行，今天并不能完全实行。例如"父母在，不远游，游必有方"的孔子之语[167]，也要看实际情况，如果国家、事业需要，父母在，也应远游，舍小家而顾大家。关键"游必有方"一句，就是即使离父母很远，也要让其知道你的所在，要时时予以问候。孝道中关于葬礼和守丧的繁缛规定，更是现代社会应该予以扬弃的。且不说放弃工作和事业，守丧三年，现代人无法做到，就是棺椁土葬，也是以死人害活人的不义之举。试想，每年死亡的成百上千万人如果都要厚棺土葬，过不了几十年，有限的森林就将砍伐殆尽、有限的耕地就将全部变成坟园，活着的人还吃什么、怎么活？第五，自古及今，老百姓对官员的监督从来没有停止过，不仅要听其言，更要看其行。在弘扬孝道时，宣传固然是一个方面，但更重要的是各级官员的行为。《孝经》中强调天子、诸侯、卿大夫、士都要以自己的高尚道德和孝行带动和教育全社会，以和睦家庭、安定社会、平治天下。其在今天的意义，就是各级领导要注重自己的道德修养，对自己乃至社会上其他人的父母老人要孝顺养护，从而将敬老的风尚推向全社区、全社会、全国，真正实现老有所养，幼有所育，人民安居乐业，社会安定祥和的大同理想。

　　物质生活的现代化，呼唤着新型伦理道德的建设，传统孝道的继承和创新是其重要环节。让我们取其精华，去其糟粕，使《孝经》和孝道在传统伦理道德向现代道德规范的转变中发挥其应有的作用。

[1]（汉）郑玄《六艺论》："孔子以六艺题目不同，指意殊别，恐道离散，后世莫知根源，故作《孝经》以总会之。"（原文已佚，见宋邢昺《孝经注疏》之《孝经序》疏所引）

[2] 杨伯峻：《论语译注》"为政第二"，中华书局，1980年，第14页。

[3] 引文见（清）皮锡瑞《孝经郑氏注疏》卷上，第4页上栏，中华书局《四部备要》本，第11册；（唐）陆德明《经典释文》卷二十三（上海古籍出版社，2013年，影印国家图书馆藏宋元递修本），"传于子"为"传于殷"。

[4] 马如森：《殷墟甲骨文实用字典》，上海大学出版社，2008年，第199页。

[5] 陈铁凡：《孝经学源流》，台北南天书局有限公司，2018年，第18页。

[6]（汉）许慎：《说文解字》"八上老部"，中华书局，1963年，第173页下栏。

[7]　（清）孙诒让撰，孙启治点校：《墨子间诂》卷十"经上"，卷四"兼爱下"，中华书局，2001 年，第 313、113、126 页。

[8]　（三国魏）王弼注，楼宇烈校释：《老子道德经注校释》，"上篇十八章、十九章"，中华书局，2008 年，第 43、45 页。

[9]　《战国策》"秦策三""楚策三"，上海古籍出版社，1985 年，第 213、537 页。

[10]　黎翔凤撰，梁运华整理：《管子校注》卷十"戒第二十六"，中华书局，2004 年，第 510 页。

[11]　（清）王先慎撰，钟哲点校：《韩非子集解》卷二十"忠孝第五十一"，中华书局，1998 年，第 510 页。

[12]　许维遹撰，梁运华整理：《吕氏春秋集释》卷十四"孝行览"，中华书局，2009 年，第 306—307 页。

[13]　《孝经·三才章第七》。

[14]　《论语注疏》"学而第一"，阮元校刻《十三经注疏》（清嘉庆刊本），中华书局，2009 年，第 5335 页。

[15]　参考徐复观《中国孝道思想的形成、演变及其在历史中的诸问题》，载徐氏《中国思想史论集》，上海书店出版社，2004 年，第 134—135 页。

[16]　（清）焦循撰，沈文倬点校：《孟子正义》"梁惠王章句上"，中华书局，1987 年，第 58—59 页。

[17]　（汉）班固撰，（唐）颜师古注，中华书局编辑部点校：《汉书》卷六《武帝纪》，中华书局，1962 年，第 212 页。

[18]　（清）王先谦：《释名疏证补》第六卷"释典艺第二十"，第十二叶，上海古籍出版社，1984 年影印。

[19]　《国语》卷十九"吴语"，上海古籍出版社，1978 年，第 608 页。

[20]　伯 3698《孝经序》，见许建平撰《群经类孝经之属》，载张涌泉主编《敦煌经部文献合集》第四册，中华书局，2008 年，第 1891 页。

[21]　（汉）司马迁撰，（南朝宋）裴骃集解，（唐）司马贞索隐，（唐）张守节正义，中华书局编辑部点校：《史记》卷六十三《老子韩非列传》，中华书局，1982 年，第 2155 页。

[22]　（汉）司马迁撰，（南朝宋）裴骃集解，（唐）司马贞索隐，（唐）张守节正义，中华书局编辑部点校：《史记》卷一百一十七《司马相如列传》，中华书局，1982 年，第 3002 页。

[23]　《春秋公羊传》何休序，阮元校刻《十三经注疏》（清嘉庆刊本），中华书局，2009 年，第 4759 页。

[24]　两条引文皆见任明、朱瑞平校点《太平御览》卷六百一十"学部四·孝经"

录引，河北教育出版社，1994 年，第五册，第 742 页。

[25] （汉）班固撰，（清）陈立疏证，吴则虞点校：《白虎通疏证》卷九"五经"，
中华书局，1994 年，第 446 页。

[26] （唐）魏徵，（唐）令狐德棻撰，中华书局编辑部点校：《隋书》卷三十二
《经籍志一》，中华书局，1973 年，第 935 页。

[27] （汉）孔安国：《古文孝经序》，影印文渊阁《四库全书》经部·孝经类·古
文孝经孔氏传，台湾商务印书馆《景印文渊阁四库全书》，1986 年，第
182 册，第 5 页。

[28] （汉）司马迁撰，（南朝宋）裴骃集解，（唐）司马贞索隐，（唐）张守节
正义，中华书局编辑部点校：《史记》卷六十六《仲尼弟子列传》，中华
书局，1982 年，第 2205 页。

[29] （元）熊禾：《孝经大义序》，影印文渊阁《四库全书》经部·孝经类·孝
经大义，台湾商务印书馆《景印文渊阁四库全书》，1986 年，第 182 册，
第 111 页。

[30] 敦煌遗书伯 3698 等号卷子《孝经序》，见许建平撰《群经类孝经之属》，
《敦煌经部文献合集》第四册，中华书局，2008 年，第 1891 页。

[31] （宋）司马光：《温国文正司马公集》卷六十四"古文孝经指解"，上海商
务印书馆《四部丛刊初编》缩本，1919 年，第 182 册，第 182—479 页。

[32] （宋）章如愚：《群书考索前集》卷八"六经门·孝经类"，书目文献出版
社，1992 年影印本，第 73 页上栏，台湾商务印书馆《景印文渊阁四库
全书》，1986 年，第 182 册，第 283 页。

[33] （清）毛奇龄：《孝经问》，影印文渊阁《四库全书》经部·孝经类。

[34] 陈铁凡：《孝经学源流》，台北南天书局有限公司，2018 年，第 59、60 页。

[35] （宋）王应麟：《困学纪闻》卷七，影印文渊阁《四库全书》子部·杂家类，
台湾商务印书馆《景印文渊阁四库全书》，1986 年，第 854 册，第 301 页。

[36] （唐）柳宗元：《柳河东集》卷四，《四库唐人文集丛刊》，上海古籍出版社，
1993 年，第 43 页。

[37] （宋）晁公武撰，孙猛校证：《郡斋读书志》卷三"孝经"类，上海古籍
出版社，2011 年，第 125 页。

[38] （宋）王应麟：《困学纪闻》卷七，影印文渊阁《四库全书》子部·杂家类，
台湾商务印书馆《景印文渊阁四库全书》，1986 年，第 854 册，第 301 页。

[39] 王正己：《孝经今考》，《古史辨》第四册，上海古籍出版社，1982 年，
第 173、171 页。

[40] （宋）朱熹：《孝经刊误》自记，《晦庵集》卷八十四，影印文渊阁《四库

全书》集部·别集类，台湾商务印书馆《景印文渊阁四库全书》，1986 年，第 1145 册，第 756 页。

[41]　（明）吴廷翰著，容肇祖点校：《吴廷翰集·椟记》卷上"孝经"条，中华书局，1984 年，第 155 页。

[42]　黄云眉：《古今伪书考补证》"孝经"，齐鲁出版社，1980 年，第 61、69—70 页。

[43]　徐复观：《中国孝道思想的形成、演变及其在历史中的诸问题》，载徐氏《中国思想史论集》，上海书店出版社，2004 年，第 151 页。

[44]　（清）杨椿：《孟邻堂文钞》卷六，清嘉庆二十四年刊本。

[45]　许维遹撰，梁运华整理：《吕氏春秋集解》，中华书局，2009 年，第 306、420 页。

[46]　（汉）蔡邕：《蔡中郎集》卷三，影印文渊阁《四库全书》集部·别集类，台湾商务印书馆《景印文渊阁四库全书》，1986 年，第 1063 册，第 181 页。

[47]　（汉）班固撰，（唐）颜师古注，中华书局编辑部点校：《汉书》卷三十《艺文志》，中华书局，1962 年，第 1718 页。

[48]　如《后汉书》志第八《祭礼志中》刘昭注，中华书局，1965 年，第 3179 页；《齐民要术校释》卷一"耕田第一"，中国农业出版社，1998 年，第 45 页；《唐会要》卷十一"明堂制度"，中华书局，1955 年，第 272 页。

[49]　杨伯峻：《论语译注》"述而第七"，中华书局，1980 年，第 66 页。

[50]　（汉）司马迁撰，（南朝宋）裴骃集解，（唐）司马贞索隐，（唐）张守节正义，中华书局编辑部点校：《史记》卷四十七《孔子世家》，中华书局，1982 年，第 1935—1936、1937、1943 页。

[51]　《仪礼注疏》卷三"士冠礼"，阮元校刻《十三经注疏》（清嘉庆刊本），中华书局，2009 年，第 2068 页。

[52]　《春秋穀梁传》卷十二"宣公十年"传，阮元校刻《十三经注疏》（清嘉庆刊本），中华书局，2009 年，第 5240 页。

[53]　《礼记正义》卷四十八"祭义"，阮元校刻《十三经注疏》（清嘉庆刊本），中华书局，2009 年，第 3470 页。又见《大戴礼记》卷四"曾子大孝"篇。

[54]　（汉）司马迁撰，（南朝宋）裴骃集解，（唐）司马贞索隐，（唐）张守节正义，中华书局编辑部点校：《史记》卷四十七《孔子世家》，中华书局，1982 年，第 1946 页。

[55]　（清）梁玉绳：《史记志疑》卷二十五，见张舜徽主编《二十五史三编》第一分册，岳麓书社，1994 年，第 427 页。

[56] 《礼记正义》，阮元校刻《十三经注疏》（清嘉庆刊本），中华书局，2009 年，第 3515、3516、3518、3533、3534、3535、3562 页。

[57] 陈铁凡：《孝经学源流》，台北南天书局有限公司，2018 年，第 53—60 页。

[58] （汉）班固撰，（唐）颜师古注，中华书局编辑部点校：《汉书》卷三十《艺文志》颜师古注引，中华书局，1962 年，第 1719 页。

[59] （唐）刘肃撰，许德楠、李鼎霞点校：《大唐新语》卷九"著述"，中华书局，1984 年，第 135 页。

[60] （宋）乐史撰：《宋本太平寰宇记》卷九十一"江南东道三·苏州·人物"，中华书局，2000 年，第 102 页。

[61] （清）黎庶昌校刊：《古逸丛书》之五《覆卷子本唐开元御注孝经》卷首。

[62] （宋）司马光：《温国文正司马公集》卷六十四"古文孝经指解"，上海商务印书馆《四部丛刊初编》缩本，1919 年，182 册，第 480 页。

[63] 舒大刚：《范祖禹书大足石刻〈古文孝经〉校定》，载《宋代文化研究》第十一辑，线装书局，2002 年，第 389—394 页。

[64] 《四库全书总目》卷三十二经部孝经类小序，中华书局，1965 年，第 263 页。

[65] 《孝经问》提要，《四库全书总目》卷三十二，中华书局，1965 年，第 266 页。

[66] （清）赵尔巽等撰，中华书局编辑部点校：《清史稿》卷四百八十二《儒林三·陈乔枞传》，中华书局，1977 年，第 13247 页。

[67] （宋）黄震：《黄氏日抄》卷一，影印文渊阁《四库全书》子部·儒家类，台湾商务印书馆《景印文渊阁四库全书》，1986 年，第 707 册，第 2—3 页。

[68] （宋）郑樵：《通志》卷一百三十八《列传第五十一·陆澄》，上海商务印书馆《万有文库·十通》本，志第 281 页。

[69] （唐）陆德明：《经典释文》卷一"序录·孝经"，上海古籍出版社，2013 年，第 58 页。

[70] （宋）王溥：《唐会要》卷七十七"贡举下·论经义"，中华书局，1955 年，第 1405—1409 页。

[71] （宋）陈振孙撰，徐小蛮、顾美华点校：《直斋书录解题》卷三"孝经类"，上海古籍出版社，1987 年，第 69 页。

[72] 太宰纯自序署"享保十六年辛亥"，则时为 1731 年，即清雍正九年。但四库馆之《古文孝经孔氏传》提要，却称该书"核其纪岁干支，乃康熙十一年（1672）所刊"，显因馆臣不明日本国纪年，仅据其署之甲子，

即误判之。

[73]　（清）皮锡瑞：《孝经郑氏注疏序》，上海中华书局《四部备要》本，1936
年，第1页。

[74]　此观点，见黄开国《论儒家的孝道学派》，载《哲学研究》2003年第3期。

[75]　《礼记正义》卷四十八《祭义》，阮元校刻《十三经注疏》（清嘉庆刊本），
中华书局，2009年，第3469页。

[76]　（宋）欧阳修：《欧阳修全集》"集古录跋尾"卷三，中国书店，1986年，
第1131页。

[77]　（汉）王符撰、（清）汪继培笺、彭铎校正：《潜夫论笺校正》卷一《务本
第二》，中华书局，1985年，第20页。

[78]　（汉）孔安国：《古文孝经序》，影印文渊阁《四库全书》经部·孝经类古
文孝经孔氏传，台湾商务印书馆《景印文渊阁四库全书》，1986年，第
186册，第6页。

[79]　（汉）刘向：《新序》卷一《杂事第一》，《汉魏丛书》，吉林大学出版社，
1992年，第355页。

[80]　敦煌遗书伯3698号卷子。

[81]　（南朝宋）范晔撰，（唐）李贤等注，中华书局编辑部点校：《后汉书》卷
三十五《郑玄传》，中华书局，1965年，第1212页。

[82]　（南朝梁）梁元帝：《金楼子》卷五《著书篇》，影印文渊阁《四库全书》
子部·杂家类，台湾商务印书馆《景印文渊阁四库全书》，1986年，第
848册，第857页。

[83]　（唐）魏徵，（唐）令狐德棻撰，中华书局编辑部点校：《隋书》卷三十二
《经籍志一·孝经序》，中华书局，1973年，第935页。

[84]　《孝经注疏》，阮元校刻《十三经注疏》（清嘉庆刊本），中华书局，2009年，
第5518、5537、5563、5525页。

[85]　（宋）司马光编著，（元）胡三省音注，标点资治通鉴小组点校：《资治通
鉴》卷一百七十五《陈纪九》宣帝太建十三年，中华书局，1956年，第
5439—5440页。

[86]　（唐）魏徵，（唐）令狐德棻撰，中华书局编辑部点校：《隋书》卷四十二
《李德林传》，中华书局，1973年，第1208页。

[87]　胡平生：《孝经译注》（中华书局，1996年）附录日本明应六年（1497）
古抄本残卷照片过录文。

[88]　（唐）魏徵，（唐）令狐德棻撰，中华书局编辑部点校：《隋书》卷三十二
《经籍志一》，中华书局，1973年，第9345页。

[89] （唐）魏徵：《群书治要》序，上海商务印书馆《四部丛刊》初编子部，1919 年。

[90] （宋）王溥：《唐会要》卷七十七"贡举下·论经义"，中华书局，1955 年，第 1405、1406 页。

[91] （宋）宋敏求：《唐大诏令集》卷八十一"经史·行何郑所注书敕"，中华书局，2008 年，第 468 页。

[92] （宋）王溥：《唐会要》卷七十七"贡举下·论经义"，中华书局，1955 年，第 1411 页。

[93] 陈壁生：《孝经学史》，华东师范大学出版社，2015 年，第 215 页。

[94] （唐）释道世：《法苑珠林》卷四十九"不孝篇·述意部"，中国书店，1991 年，第 722 页。

[95] （宋）薛居正等撰，中华书局编辑部点校：《旧五代史》卷二十七《唐书·庄宗纪》，中华书局，1976 年，第 367 页。

[96] （宋）欧阳修撰，（宋）徐无党注，中华书局编辑部点校：《新五代史》卷六十九《南平世家》，中华书局，1974 年，第 858 页。

[97] （宋）欧阳修：《欧阳修全集》"居士集·卷二十八·薛质夫墓志铭"，中国书店，1986 年，第 198 页。

[98] （宋）李纲：《梁溪集》卷一百五十"论忠孝"，影印文渊阁《四库全书》集部别集类。

[99] （宋）黄震：《黄氏日抄》卷一，影印文渊阁《四库全书》子部·儒家类，台湾商务印书馆《景印文渊阁四库全书》，1986 年，第 707 册，第 3 页。

[100] （元）脱脱等撰，中华书局编辑部点校：《宋史》卷四百三十一《儒林一·邢昺传》，中华书局，1985 年，第 12800 页。

[101] 《孝经注疏》卷首，阮元校刻《十三经注疏》（清嘉庆刊本），中华书局，2009 年影印，第 5517 页。

[102] 《孝经注疏》卷七，阮元校刻《十三经注疏》（清嘉庆刊本），中华书局，2009 年影印，第 5563 页。

[103] 《孝经正义》提要，《四库全书总目》，中华书局，1965 年，第 264 页。

[104] （宋）司马光：《温国文正司马公集》卷六十四，上海商务印书馆《四部丛刊初编》缩本，1919 年，182 册，第 479、480 页。

[105] （宋）司马光：《家范》序，中国戏剧出版社，2002 年，第 4 页。

[106] 《孝经刊误》提要，《四库全书总目》卷三十二，中华书局，1965 年，第 264—265 页。

[107] （宋）朱熹：《孝经刊误》，影印文渊阁《四库全书》经部·孝经类，台

湾商务印书馆《景印文渊阁四库全书》,1986年, 第1145册, 第277页。

[108]（元）脱脱等撰, 中华书局编辑部点校:《金史》卷八十二《海陵诸子传》, 中华书局, 1975年, 第1854页。

[109]（金）元好问:《元好问全集》卷三十三 "记·马侯孝思堂记", 山西人民出版社, 1990年, 第759页。

[110]（明）宋濂等撰, 中华书局编辑部点校:《元史》卷一百一十五《裕宗传》, 中华书局, 1976年, 第2888页。

[111]（清）朱彝尊:《经义考》卷二百二十七, 中华书局,1998年, 第1155页。

[112]（元）熊禾:《孝经大义序》, 影印文渊阁《四库全书》经部·孝经类, 台湾商务印书馆《景印文渊阁四库全书》, 1986年, 第182册, 第112页。

[113]（元）吴澄:《吴文正集》卷一, 影印文渊阁《四库全书》集部·别集类, 台湾商务印书馆《景印文渊阁四库全书》, 1986年, 第1197册, 第12页。

[114]（明）吕维祺:《孝经衍义自序》,《经义考》卷二百二十九, 中华书局, 1998年, 第1165页。

[115]（明）邱濬著, 林冠群、周济夫校点:《大学衍义补》卷七十九, 京华出版社, 1999年, 第674页。

[116]（明）王守仁:《王文成全书》卷一 "语录一·传习录上", 影印文渊阁《四库全书》集部别集类, 台湾商务印书馆《景印文渊阁四库全书》, 1986年, 第1265册, 第6页。

[117]（清）张能麟:《进〈孝经衍义〉札子》, 王重民《中国善本书提要》, 上海古籍出版社, 1983年, 第33页。

[118]《姜斋文集·补遗》卷一 "示我侄文", 转引自骆承烈主编, 巩宝平、潘波涛、韩涛本册主编《历代孝论辑释（元明清卷）》, 光明日报出版社, 2015年, 285页。

[119]《御纂孝经集注》"御制序", 影印文渊阁《四库全书》经部·孝经类, 台湾商务印书馆《景印文渊阁四库全书》, 1986年, 第186册, 第269页。

[120]《御定孝经衍义》"凡例", 影印文渊阁《四库全书》子部·儒家类, 台湾商务印书馆《景印文渊阁四库全书》, 1986年, 第718册, 第4页。

[121]（清）陈澧:《东塾读书记》, 生活·读书·新知三联书店, 1998年, 第3、283、7页。

[122]（清）皮锡瑞:《孝经郑注疏·序》, 上海中华书局《四部备要》,1936年,

第 11 册"经部·清十三经注疏",第 1 页。

[123]　《孝经述注》提要,《四库全书总目》卷三十二,中华书局,1965 年,第 265 页。

[124]　姜元、江曦:《〈孝经郑注〉辑本三种平议》,载《天一阁文丛》第 17 辑,浙江古籍出版社,2019 年,第 116—117 页。

[125]　《皇朝(清)通志》卷一百零七《校雠略》;《钦定四库全书考证》卷十八,书目文献出版社,1991 年,第 427 页。

[126]　(清)胡稷:《重刊宋本十三经注疏后记》,阮元校刻《十三经注疏》(清嘉庆刊本),中华书局,2009 年,第 9 页。

[127]　(宋)陈振孙:《直斋书录解题》卷三,经部孝经类,上海古籍出版社,1987 年,第 70 页。

[128]　(清)王昶:《金石萃编》卷八十七"唐·石台孝经"跋,第三叶 B,北京市中国书店,1985 年影印。

[129]　《春秋公羊传》何休序,阮元校刻《十三经注疏》(清嘉庆刊本),中华书局,2009 年,第 4759 页。

[130]　(汉)班固撰,(唐)颜师古注,中华书局编辑部点校:《汉书》卷一下《高帝纪下》、卷二《惠帝纪》注,中华书局,1962 年,第 62、86 页。

[131]　(汉)班固撰,(唐)颜师古注,中华书局编辑部点校:《汉书》卷十二《平帝纪》,中华书局,1962 年,第 355 页。

[132]　(南朝宋)范晔撰,(唐)李贤等注,中华书局编辑部点校:《后汉书》卷八十一《向栩传》,中华书局,1965 年,第 2694 页。

[133]　(唐)姚思廉撰,中华书局编辑部点校:《梁书》卷三《武帝纪下》,中华书局,1973 年,第 76 页。

[134]　(唐)魏徵,(唐)令狐德棻撰,中华书局编辑部点校:《隋书》卷三十二《经籍志一》,中华书局,1973 年,第 935 页。

[135]　(北齐)颜之推:《颜氏家训》卷上"勉学篇第八",《汉魏丛书》,吉林大学出版社,1992 年,第 589 页。

[136]　(唐)魏徵,(唐)令狐德棻撰,中华书局编辑部点校:《隋书》卷七十五《元善传》、卷三十八《郑译传》,中华书局,1973 年,第 1708、1137 页。

[137]　(后晋)刘昫等撰,中华书局编辑部点校:《旧唐书》卷一百八十八《宋兴贵传》,中华书局,1975 年,第 4919 页。

[138]　(唐)吴兢:《贞观政要》,上海古籍出版社,1978 年,第 118、142、162 页。

[139]（后晋）刘昫等撰，中华书局编辑部点校：《旧唐书》卷四上《高宗纪上》，中华书局，1975 年，第 65 页。

[140]（宋）宋敏求：《唐大诏令集》卷七十四"亲祭九宫坛大赦天下敕"，中华书局，2008 年，第 417 页。

[141]（宋）孙光宪、林艾园校点：《北梦琐言》卷十八，上海古籍出版社，1981 年，第 130 页。

[142]（宋）欧阳修撰，（宋）徐无党注，中华书局编辑部点校：《新五代史》卷一百二十《周书·恭帝纪》，中华书局，1974 年，第 1595 页。

[143]《玉海》卷三十三"圣文·御书·淳化秘阁碑阴书孝经"。

[144]（宋）王安石：《冯勤威公守信神道碑》，载《名臣碑传琬琰集》上卷十七，影印文渊阁《四库全书》史部·传记类，台湾商务印书馆《景印文渊阁四库全书》，1986 年，第 450 册，第 145—146 页。

[145]（宋）司马光：《再乞资荫人试经义札子》，《温国文正司马公集》卷四十一，上海商务印书馆《四部丛刊初编》缩本，1919 年，181 册，第 329 页。

[146]（元）脱脱等撰，中华书局编辑部点校：《宋史》卷四百五十九《徐积传》，中华书局，1977 年，第 13473 页。

[147]（宋）叶隆礼撰，贾敬颜、林荣贵点校：《契丹国志》卷十四《诸王·晋王宗懿传》，上海古籍出版社，1985 年，第 153 页。

[148]（元）脱脱等撰，中华书局编辑部点校：《辽史》卷七十七《耶律安抟传》、卷八十《邢抱朴传》，中华书局，1974 年，第 1260、1279 页。

[149]（元）脱脱等撰，中华书局编辑部点校：《金史》卷八十九《梁肃传》，中华书局，1975 年，第 1984—1985 页。

[150]（元）脱脱等撰，中华书局编辑部点校：《金史》卷九十五《移剌履传》，中华书局，1975 年，第 2100 页。

[151]（元）脱脱等撰，中华书局编辑部点校：《宋史》卷四百八十五《夏国传上》，中华书局，1977 年，第 13995 页。

[152]（明）宋濂等撰，中华书局编辑部点校：《元史》卷二十二《武宗纪一》，中华书局，1976 年，第 486 页。

[153]（明）宋濂等撰，中华书局编辑部点校：《元史》卷一百一十四《后妃传一》，中华书局，1976 年，第 2880 页。

[154]（明）宋濂等撰，中华书局编辑部点校：《元史》卷一百八十三《李好文传》，中华书局，1976 年，第 4218 页。

[155]（明）宋濂等撰，中华书局编辑部点校：《元史》卷八十一《选举一》，

中华书局，1976 年，第 2029 页。

[156]　《明太祖文集》卷十五，四库明人文集丛刊，上海古籍出版社，1991 年，第 1223—161 页。

[157]　（清）张廷玉等撰，中华书局编辑部点校：《明史》卷二百九十六《孝义传一》，中华书局，1974 年，第 7576 页。

[158]　《明太宗实录》卷七十七，永乐六年三月戊午，上海书店出版社，2015 年。

[159]　（明）刘若愚撰：《明宫史》，北京古籍出版社，1982 年，第 64 页。

[160]　（清）清世祖：《御注孝经序》，《皇朝（清）文献通考》卷二百十六“史部·政书类”。

[161]　《御纂孝经集注》“御制序”，影印文渊阁《四库全书》经部·孝经类，台湾商务印书馆《景印文渊阁四库全书》，1986 年，第 186 册，第 269 页。

[162]　《清朝文献通考》卷四十九《选举考三》，影印文渊阁《四库全书》史部·政书类，台湾商务印书馆《景印文渊阁四库全书》，1986 年，第 633 册，第 241 页。

[163]　（清）鄂尔泰：《征滇士入书院教》，影印文渊阁《四库全书》史部·地理类三《云南通志》卷二十九之十，台湾商务印书馆《景印文渊阁四库全书》，1986 年，第 570 册，第 574 页。

[164]　《大清会典则例》卷七十一“礼部·仪制清吏司·风教”，影印文渊阁《四库全书》史部·政书类，台湾商务印书馆《景印文渊阁四库全书》，1986 年，第 622 册，第 350—351 页。

[165]　（清）赵尔巽等撰，中华书局编辑部点校：《清史稿》卷四百四十八《涂宗瀛传》，中华书局，1975 年，第 12517 页。

[166]　（清）刘声木撰，刘笃龄点校：《苌楚斋随笔·三笔》卷三“论孝廉方正”，中华书局，1998 年，第 531 页。

[167]　杨伯峻：《论语译注》“里仁第四”，中华书局，1980 年，第 40 页。

孝经

开宗明义章第一[1]

仲尼居[2]，曾子侍[3]。

［注释］

[1] 开宗明义：意为在《孝经》一开篇就揭示和讲清孝的宗旨和根本，以明确其义理。开，开张，揭示。宗，根本，宗旨。明，使明显，显示。义，义理。　[2] 仲尼：孔子的字。孔子（前551—前479），名丘，春秋后期鲁国陬邑（今山东曲阜东南）人，中国古代著名政治家、思想家、教育家，儒家学派的创始人。居：《古文孝经》为"闲居"，无事闲坐在堂屋。　[3] 曾子侍：曾参侍坐在侧。曾子（前505—前436），名参，字子舆，鲁国南武城（今山东枣庄附近）人，曾子为对曾参的敬称。曾参

是孔子弟子中七十二贤人之一，又是著名的孝子。前人说，孔子认为他能通孝道，所以专门向他讲授孝。曾参被后代尊为“宗圣”。其著作，据传有《大学》和《曾子》等。侍，卑者侍奉在尊者之侧。侍者有坐有立，古文作“曾子侍坐”，故此处当为侍坐在侧。

子曰[1]：“先王有至德要道[2]，以顺天下[3]，民用和睦[4]，上下无怨[5]。汝知之乎[6]？”

［注释］

[1] 子曰：孔子说。在《论语》《孝经》等儒家后学的著作中都尊称孔子为“子”或“夫子”，孔子的言论专门以“子曰”引出。子本为古代男子的美称，《公羊传》注言：“大夫称名氏，今曰子，是贵之也。”还有一种解释，言“古者称师曰子”。　[2] 先王有至德要道：前代的圣德帝王都拥有最美好的德行以及最重要的道理。先王，指古代的圣德之王，如夏禹、商汤、周文王、周武王。至德，最美好、最高尚的德行，即指下文孝悌之行。要道，最重要的道理，指孝道为一切道德中能以一统万的最根本的道德。　[3] 以顺天下：以使天下人心顺服。以，表示目的，约当今之“以便”。顺，顺从，使动用法，言使天下人心顺服。　[4] 民用和睦：天下万民因此能互相协调亲睦。用，因而，由此。和，协调，融洽。睦，相亲相爱。　[5] 上下无怨：上下尊卑者都和和气气而没有怨恨。上下，指各种人之间高低尊卑贵贱的等级区分。　[6] 汝：第二人称代词，你，古文孝经作“女”，与“汝”通，此处为孔子称呼曾参。乎：语气词，用在句末，此处表示疑问，相当于“吗”。

王是先秦时天下最高的统治者，他若没有高尚的德行（孝）就不能成为王，他若不掌握最适合中国的统治术（孝治），就不能管理好天下，使社会和睦安定。孔子在这里是要当帝王之师了。

孔子讲学中的问答之体，类似现代的启发式教学。

中国古代社会有不同的阶层，尊卑等级森严，在古人看来，是理所当然之事。古人理想的社会，不是没有尊卑贵贱，而是行仁政，用孝道教化各阶层的人都要“顺”，在上者别过分欺压横行霸道，在下者别对抗造反弑君弑父，大家和和气气，这样才能维持社会的和睦、和平与安宁。

曾子避席曰 [1]：“参不敏 [2]，何足以知之 [3]？”

[注释]

[1] 避席：离席而立。先秦无凳子椅子，人们都席地而坐。曾参本侍坐于侧，因孔子问话，曾参为表示对先生的恭敬，起身离开座席，站立回答。　[2] 不敏：不够聪明敏达，此为曾参自谦之词。敏，聪明，睿达，有智慧。　[3] 何足以知之：我怎么能明白这样至为深刻的道理呢？此亦为曾参自谦之词。足，够得上，配得上。

子曰：“夫孝 [1]，德之本也 [2]，教之所由生也 [3]。复坐 [4]，吾语汝 [5]！身体发肤 [6]，受之父母 [7]，不敢毁伤 [8]，孝之始也 [9]。立身行道 [10]，扬名于后世 [11]，以显父母 [12]，孝之终也 [13]。夫孝，始于事亲 [14]，中于事君 [15]，终于立身 [16]。

[注释]

[1] 夫：发语词，表示将要发表议论，没有实际意义。　[2] 德之本：道德的根本和原始。本，原指树木近地面的基干，犹“始”也。　[3] 教之所由生：圣王对社会大众的教育和感化就是从这里产生的。教，指教化，古代统治者用身体力行的教育以引导和感化民众，维持社会稳定的方法。由生，由此而产生。　[4] 复坐：曾参在回答孔子的问话时避席站了起来，孔子说了一句话以后，发现曾参仍然站立着，故让其重新坐下。复，重新。　[5] 吾

过去人家中堂挂有“天地君亲师”的牌匾。尊师是对父母长辈之孝的延伸。曾参避席，是其尊师的表现。

“孝，德之本也，教之所由生也。”将孝与道德、孝与社会治理即孝道、孝治的关系揭示了出来。

《吕氏春秋·孝行览》言：“凡为天下治国家，必务本而后末。所谓本者，非耕耘种殖之谓，务其人也。务其人，非贫而富之，寡而众之，务其本也。务本莫贵于孝。……夫孝，三皇五帝之本务，而万事之纪也。夫执一术，而百善至，百邪去，而天下从者，其惟孝也。”称帝王治国要“务本”，即教人以孝。

"身体发肤，受之父母，不敢毁伤"的说教，是孝之根本的教育，是珍惜生命的教育，也是遵纪守法的教育。

人们写作、辩论，总喜欢"引经据典"，以增强说服力。《后汉书·荀爽传》："爽皆引据大义，正之经典。"是"引经据典"一语的出处。而孔子及其弟子则是引经据典的先驱者。

《诗经》言，要记着祖宗的善行大德，遵循他们的榜样去修饬自己的德行。古书否定某人的德行，常用"不肖"一词，说他不像自己的先人，就是道德败坏或缺乏才干。

语汝：我告诉你。吾，第一人称代词，我。　[6]身体发肤：指人的肉体及其一切附生之物。身，头颈胸腹。体，四肢。发，毛发。肤，皮肤。　[7]受之父母：指子女的肉体是父母给予的。受，接受。　[8]不敢毁伤：不敢使其有所亏损、毁坏和伤害。古代的肉刑很多，如斩、磔、焚、醢、裂、宫、刖、膑、黥、劓、髡等。触犯任何一种法规，受任何一种刑罚，身体都要受到毁伤，都将是对父母的最大侮辱。《论语·泰伯》载，曾参临死前，要他的弟子们掀开被衾，看看他的手足有无损伤，然后欣慰地说："而今而后，吾知免夫！"可以凭完整的肉体归见父母之灵了。　[9]孝之始也：指此为孝道最基本、最初始的要求。始，开始，第一位的，首要的。　[10]立身行道：修立自身的崇高道德，为平民时独善己身，为官时实行天下的大道以施惠于社会。　[11]扬名于后世：显扬名声于后代，即扬名史册，青史流芳。　[12]以显父母：从而使父母的名声也因此得到彰显和荣耀。显，光显，荣耀。　[13]孝之终也：孝道最后的、终极的或最高的要求。终，最后，终结。　[14]"夫孝"二句：孝的实行，从侍奉父母开始。始，开始，或言指孝道的初级阶段。事，奉事，侍奉。　[15]中于事君：中年做官和服务社会，以孝道侍奉君主。中，即中间，指人的青壮年时期，或指孝道的中级阶段。事君，即为仕，做官，为社会服务。君，指君主，一国的最高统治者。　[16]终于立身：最终在于修身立世。终，最后，老年时，或言指孝道的终极阶段、最高要求。立身，《左传》成公十七年"郤至曰：'人所以立，信、知、勇也。信不叛君，知不害民，勇不作乱。失兹三者，其谁与我？'"则所谓立身，就是一守信不叛君，二有智不害民，三虽勇不作乱。

《大雅》云[1]：'无念尔祖[2]，聿修厥德[3]。'"

[注释]

[1]《大雅》: 下引诗句见《诗经·大雅·文王》。为该诗作者对周成王述说他的祖父文王德行功业的话。　[2]无念尔祖: 任何时候都要想着你的先祖。无，发声词，无义。念，想念。也有解释"无念"为"无忘"，即不能忘记。尔祖，你的先祖。尔，你。　[3]聿（yù）修厥德: 遵循他的榜样去修行你的功德。意为要成王继承和发扬其祖父文王的德行。邢疏言："夫子叙述立身行道扬名之义既毕，乃引《大雅·文王》之诗以结之，言凡为人子孙者，常念尔之先祖，常述修其功德也。"聿，发声词，无义。厥，代词，其，指文王。

[点评]

这一章，可以视为全书的总纲，主要阐述了孝道的内容及以孝治理社会的意义。指出孝是道德的根本，一切教化都从孝道中来，孝的主要内涵开始于尊亲，中间是侍奉君主，即为国效劳，最终是以好的名声自立于天地人世之间。

春秋是中国历史上一个旧秩序被破坏、新秩序萌芽的时代。站在周文化的立场看，"春秋之世，礼崩乐坏，文武之政渐灭几尽"，"世衰道微，暴行交作，臣弑其君者有之，子弑其父者有之"。古人统计，《春秋》二百四十二年间，有三十六位君主被杀，七十二个诸侯国被灭，大小战事四百八十多起，诸侯的朝聘（外交访问）和盟会（诸侯国结盟的会议）四百五十余次。孔子立志挽救社会衰微，为天地立命，他先搜集和整理《诗》《书》《易》《礼》《乐》，在对传统文献的整理中，感悟到

　　根本解决之道在于对上到君主下到小民的全社会的教育和行为规范。为此，他将鲁国国史《春秋》加以改编，以特定用词的"微言大义"，对春秋时期君臣言行进行赞许或谴责，使"乱臣贼子惧"，引导在世或后代的君臣规范自己的言行。同时，他探究造成社会混乱的根本原因，是人们的道德观出了问题，而农业社会最基本最核心的道德就是孝。于是他悉心研究孝道，以及孝道对社会治理的作用，提出了孝的学说，向弟子曾参讲授，由他们记录下来，传播到全社会，企图从根子上解决社会治乱的问题。用孔子自己的话说，孝是先王留给我们的"至德要道"；用儒家学派的说法，《孝经》是六经的总汇。确实，按照孔子"始于事亲，中于事君，终于立身"的思想，一个称得上孝的人，他在家孝顺父母长辈、敬顺兄长、爱护弟弟，就能和睦家庭，使全家的生产、生活和各项事业蒸蒸日上，美好幸福。他用孝道处理邻里关系，对待亲朋好友，就能带动他所处社交圈的安定和谐，欣欣向荣。他用孝道去担任公职，为国家做事，以对待父母的孝对待国君和百姓，忠君爱民，就能成就功名事业，从而扬名后世，显荣祖宗。这就是儒家"修身、齐家、治国、平天下"的人生追求。而孝则是致达人生目标的最佳途径，也是使社会安定和谐的最好办法。

　　在孔子之前或其后，许多人都讲孝，强调孝，但都没有像孔子提到如此高度，讲得如此透彻，构建得如此圆满。经过孔子的总结，儒家学派的提倡，汉朝以后历朝历代以孝治国的实践，孝的思想深入到千家万户，孝成为中华传统文化的核心内容。孝道对中国历史和社会的影响，无与伦比。难怪人们要尊称孔子为圣人，仅凭总结孝的思想这一条，他都是当之无愧的。

什么是立身行道，就是修行道德，行事仁义。在社会和家庭环境相同的情况下，个人道德的高下，主要看你是长期修行、实践，还是放纵自己。孔子讲"克己复礼"，就是指人们在各种影响和诱惑面前，要克制自己的原始欲望，按照礼的要求行事。孝道的实行，亦是如此。

所谓扬名后世，并非只有做官者以其官声扬名一途，普通人以其道德孝行获得社会的认可，也可以扬名后世。

《孟子·万章上》赵岐《章指》言："夫孝百行之本，无物以先之。虽富有天下，而不能取悦于其父母，莫有可也。孝道明著，则六合归仁矣。"孝是道德的根本，这个判断很重要，至少在农业社会如此。

要注意的是，孝有真孝和愚孝之分。《礼记·祭义》言："乐正子春曰：'……吾闻诸曾子，曾子闻诸夫子曰，天之所生，地之所养，无人为大。父母全而生之，子全而归之，可谓孝矣。不亏其体，不辱其身，可谓全矣。故君子顷步而弗敢忘孝也。……壹举足而不敢忘父母，壹出言而不敢忘父母。壹举足而不敢忘父母，是故道而不径，舟而不游，不敢以先父母之遗体行殆。壹出言而不敢忘父母，是故恶言不出于口，忿言不反于身。不辱其身，不羞其亲，可谓孝矣。'"父母给了子女生命，其物质表现是身体发肤，所以必须加以爱护、珍惜，尽量不要使其受到伤害，首先是不犯法，不受刑罚，也要随时随地小心，别损伤身体。孔子仁学的基本观点是"己所不欲，勿施于人"，就是讲人首先要自爱，包括爱自己的身体，人能自爱，才能爱他人。但不能将这一孝的起点变成纯粹的形式和什么都不做的借口。生活中只要诸事亲履亲为，受点伤、破点皮，都是难免的。曾子说孝子不登高，不履危，弗凭庳，不苟笑，不苟訾，隐不命，临不指，过于小心谨慎，在任何时代都没法子生活。清臧琳《经义杂记》言：《孝经》云：'身体发肤，受之父母，不敢毁伤，孝之始也。'故落下之发当什袭藏之，与平生所剪手足蚤及齿牙聚一处，待盖棺之日，置之棺中。庶亦全受全归之道，未必非敬父母遗体之一端也，其余大节处，充类推之，自有所不能已。"已失之琐碎。

天子章第二^[1]

子曰^[2]："爱亲者^[3]，不敢恶于人^[4]；敬亲者^[5]，不敢慢于人^[6]。爱敬尽于事亲^[7]，而德教加于百姓^[8]，刑于四海^[9]。盖天子之孝也^[10]。

［注释］

[1]天子：古时对于天下最高统治者帝王的称呼。《礼记·曲礼下》云："君天下曰天子。"《礼记·表记》称："惟天子受命于天"，故曰天子。古人说的天下，是"普天之下"，即今所谓的全世界，没有地理空间的限制。 [2]子曰：孔子说。本章承接上章之文，还是孔子对曾参的讲话。行文者视此章及以下四章，为孔子一次所讲的话，故三、四、五、六章正文不再以"子曰"引出。其所以从二章到六章都只用一个"子曰"带过，是要"明尊卑贵贱有殊，而奉亲之道无二"（皇侃言）。就是说，人无论贵贱，其道德行为都在于一个"孝"字。 [3]爱亲者：言天子

《孝经》论各种人的孝，首先论天下最尊贵者天子的孝。天子爱敬自己的双亲，就不能嫌恶和侮慢别人的双亲，孝敬双亲并且无等差地泛爱天下所有父母的天子，就能对天下万民施以道德教化，影响四海蛮夷，使之归化。

皇侃对爱、敬的心里与行为解释道："爱、敬各有心迹。烝烝至惜，是为爱心，温清（清）搔摩，是为爱迹。肃肃悚栗，是为敬心。拜伏擎跪，是为敬迹。"爱敬是相互的，不管天子还是庶人，你不敬重别人，别人也不会敬重你。

作为从心底里热爱自己父母的人。爱，热爱，博爱，挚爱。亲，父母。者，代词，此处指代人，约当现代汉语中的"的人"，本长句中的"者"都是指代天子。　　[4]恶（wù）于人：即厌恶别人。恶，厌恶，憎恨，不喜欢。与"爱"相对。于，表示动作对象的介词。　　[5]敬：孝敬，尊敬，恭敬。　　[6]慢：怠慢，不尊重。　　[7]爱敬尽于事亲：天子竭尽爱敬以侍奉父母。尽，竭尽。　　[8]而：连词，意为"便""就"，连接上下文。德教：道德教化。加：施行。百姓：《尚书·尧典》言"克明俊德，以亲九族。九族既睦，平章百姓。百姓昭明，协和万邦。黎民于变时雍"，明确将天下之人划为天子、九族、百姓、万邦、黎民之不同等级，其中天子血亲是九族，天子内臣是百姓，天子外臣是万邦，天下大众是黎民。故此处百姓指贵族百官，也可指天下万民。泛指中原华夏族人。古代所谓德教，即在上者身体力行，以自己忠孝仁义礼智信的行为去引导和感化人们养成敬、让、亲、和、辨等、安、中、恤、节、能、慎德、兴功等道德行为。孔子言："君子之德风，小人之德草，草上之风必偃。"在上者言行不一，何以教化和感化大众？　　[9]刑：敦煌卷子甲卷、辛卷及《群书治要》本作"形"，与"型"字通，正也，法式，典范。四海：指四方各族之人，与上文百姓所指中原华夏之民相对的"四夷"（东夷、西戎、南蛮、北狄）之民。古人认为对华夏万民要用教化之法，对四方各族要以中原的榜样去影响、感化。　　[10]盖天子之孝也：孝的内容很多，此处为大略而言。是讲天子个人表率作用的重要性。盖，连词，大概。《孟子·离娄上》言："孟子曰：爱人不亲反其仁，治人不治反其智，礼人不答反其敬，行有不得者，皆反求诸己。其身正，而天下归之。"意思是天子以爱敬教民却未见成效，就要从自己身上找原因。

《甫刑》云[1]：'一人有庆[2]，兆民赖之[3]。'"

宋人范祖禹言："天下安危，系于人君一人之身。"在古代，天子能以先辈为榜样，以仁孝治国，不胡乱作为，天下万民就能过上安定的日子，当然会额手相庆了。

[注释]

[1]《甫刑》：《尚书》中的篇名。据云，周穆王命吕侯为司寇，吕侯遂以穆王名义发布赎刑之法，以公布于天下。吕侯后改封为甫侯，故该篇又有《吕刑》之名。下引文句，见于今本《尚书·吕刑》。 [2]一人：指天子。《尚书·汤诰》："万方有罪，在予一人。"后遂以"一人"指代天子。有庆：言天子有了爱敬父母的事实。庆，善，即爱敬。 [3]兆民赖之：指天子以孝道治国，敬老爱民，则国家大治，社会安定，人民就有了依靠，不会出现危险。兆民，万民，即上文之"百姓""四海"，天下的所有人。兆，古人既指一百万，也指十亿，后指一万亿。此处泛言极多，非实数。赖，依靠，凭借。

[点评]

在《孝经》中，对不同等级的人的孝有不同的要求，有所谓天子之孝、诸侯之孝、卿大夫之孝、士之孝与庶人之孝，合称为"五孝"。本章及以下四章即分别论说五孝。

天子，是商朝以后对一统天下君主的称呼。由于天子是天下最尊贵的人，天子的行为是诸侯、卿大夫、士和庶人的榜样，在社会上影响甚大。而天子又是王朝的首脑，天下最高权力的掌握者，他的德行，对王朝的治理和兴衰至关重要，所以首先在本章中论天子的孝。本章提出，天子之孝为广博的爱敬，在爱敬自己父母的同时，还要爱敬天下的父母，更要以自己的

孝行对百姓施以道德教化，成为天下人的榜样。这些
意见，对天子的行为提出了较高的要求，具有一定的
人本主义色彩。

诸侯章第三^[1]

"在上不骄^[2]，高而不危^[3]；制节谨度^[4]，满而不溢^[5]。高而不危^[6]，所以长守贵也；满而不溢^[7]，所以长守富也。

[注释]

[1]诸侯：诸侯是商周分封制度下对王朝所分封各国国君的称呼。 [2]在上：在上位之意。诸侯为列国之君，贵在一国臣民之上，故言"在上"。骄：自满，自高自大。无礼为骄。 [3]高而不危：诸侯居于上位，仍能不自高自大，则不会发生危殆。高即上，言诸侯居于一国最上之位。危，危殆，危险。 [4]制节：节俭克制。谨度：分寸适宜。 [5]满而不溢：诸侯作为一国之主，享有全国的贡赋，府库充实，财富溢裕，但仍要生活节俭有度，不可奢侈腐化。满，国库充实，钱财很多。溢，过分，此处指生活奢侈，与骄相对。 [6]"高而不危"二句：诸侯居高位不骄不

诸侯因贵而富，守贵就能守富，二者紧密相连。《左传》中史墨言："社稷无常奉，君臣无常位，自古以然。故《诗》曰：'高岸为谷，深谷为陵。'三后之姓，于今为庶。"古往今来都有天子、诸侯丧失其位、其国者。为了保其万年江山，贵为一国之君的诸侯，也要戒骄、节俭，绝不能凌上欺下，生活奢侈，胡乱作为，肆意享乐，否则就危险了。

邢疏言："言居高位而不倾危，所以常守其贵；财货充满而不盈溢，所以长守其富。使富贵长久不去离其身，然后乃能安其国之社稷，而协和所统之臣人。"

《孟子·离娄上》："孟子曰：人有恒言，皆曰天下国家。天下之本在国，国之本在家，家之本在身。"民为本，孝为先，治国、治家者都应清醒认识到这一点。

《白虎通义·社稷》言："王者所以有社稷何？为天下求福报功。"君王祭社稷是为了万民的吃穿平安，他的一切活动都应该是为了万民。

躁，就不危殆，就能永保其显贵的国君之位。所以，表示"……的原因"。守贵，此处指守住其诸侯国君的位子。贵，显贵，富贵。　[7]"满而不溢"二句：此处指守住国君所拥有的巨额财富。

"富贵不离其身[1]，然后能保其社稷[2]，而和其民人[3]，盖诸侯之孝也。

[注释]

[1] 富贵不离其身：富而不奢，贵而不骄，就能长保自身的富与贵。身，自身。　[2] 社稷：社是祭祀土神的场所，亦代指土神；稷为五谷之长，是谷神。只有天子和诸侯有祭祀社稷的权力，故古代以社稷作为国家的代称。先秦祭祀各有等级不同，诸侯以下无祭社稷之权，故此处称诸侯保其社稷。　[3] 和其民人：诸侯制节谨度，满而不溢，自能薄赋敛，省徭役，而使民人和睦。和，使动用法，"使……和睦"的意思。民人，即人民，百姓。古代民、人含义稍有别。民指最底层的平民，人指民中之贤能可做官者。

"《诗》云[1]：'战战兢兢[2]，如临深渊[3]，如履薄冰[4]。'"

[注释]

[1]《诗》：以下引文见《诗经·小雅·小旻》。据说，该诗是大夫为讥刺周幽王而作。　[2] 战战：恐惧的样子。兢兢：戒慎的样子。　[3] 如临深渊：就好像在深潭边上，唯恐掉下去。临，靠近。渊，既可释为深水、深潭，也可释为打旋的水。　[4] 如

履薄冰：就好像在很薄的冰上行走。郑注："恐陷。义取为君恒须戒惧。"

［点评］

诸侯是对先秦封国国君的称呼，他们是地位次于天子的各诸侯国的君主，他们的一行一言决定了万民的一切，极为重要，所以《孝经》讲五孝，将诸侯列为第二位来予以专门论说。本章强调，作为一国之君的诸侯，其孝，关键在于戒惧，任何时候都要谦虚谨慎，不骄不奢，这样才能长守富贵，和悦百姓，保其社稷。这种见解很平常，却是很多国君认识不到的。

国家这种社会组织无非是一定地域的居民们推举出来为他们服务的机构，无论这个国家的最高领导者的名号如何，都是其全体国民的勤务员。但是中国自从三代以来，就认为"溥天之下，莫非王土；率土之滨，莫非王臣"，将国家视为天子、君主一家一姓的私产，国内的万千百姓都是他家的奴隶。由此产生了专制的统治，产生胡作非为的君主长官，产生了用暴力夺取最高权力使之改朝换代的"革命"。但是在这种体制下，"革命"后上台的新君还会视国家为其私产、万民为其奴隶，这就是几千年的中国古代社会。

《孝经》作者还是基于传统的认识，来教育在位的以及未来的君主，意思是你要想保全一家一姓长远的统治，就得像先圣一样常怀忧惧之心，处理任何事情，做任何决定，都三思而后行，思想行为上戒骄戒躁，慎行礼法典章，才能长期守住诸侯的尊贵；生活事务上节欲俭省，不奢侈腐化，努力和睦万民，才能不出现任何危险，才能保有国君的富裕。对国君这样教导，在古代社会也是有意义的。

孟子曰："是故君子有终身之忧，无一朝之患也。"曾子言："昔者，天子日旦思其四海之内，战战惟恐不能乂也。诸侯日旦思其四封之内，战战惟恐失损之也。大夫士日旦思其官，战战惟恐不能胜也。庶人日旦思其事，战战惟恐刑罚之至也。是故临事而栗者，鲜不济矣！"都是对"战战兢兢，如临深渊，如履薄冰"的解释。

卿大夫章第四[1]

"非先王之法服不敢服[2]，非先王之法言不敢道[3]，非先王之德行不敢行[4]。

[注释]

[1] 卿大夫：卿是王朝和诸侯国中的高级官员，其爵位为大夫，故连称为卿大夫，当然也有不任卿的大夫，因其孝行的要求都是一致的，故放在一起来讲。卿大夫是仅次于诸侯的尊贵者，故以其置于五孝中的第三孝论之。 [2] 法服：先王制定的各等级人的规定服饰。《尚书·皋陶谟》有五服，对天子、诸侯、卿、大夫、士的服饰做了不同规定。不敢服：不敢穿用。 [3] 非先王之法言：指《礼记·王制》中所说的"言伪而辩"。法言，指合乎礼法的言语，即《诗经》《尚书》等经典的语言。道：说，讲。 [4] 非先王之德行：指《礼记·王制》中所说的"行伪而坚"。德行，合乎礼乐的道德行为。有说德行指"六德"，即仁、义、礼、智、忠、信。敦煌遗书伯3378《孝

卿大夫是王朝和诸侯国政令的执行者，又是君王联系下层乃至平民的中介，对王朝和诸侯国的治理有极重要而直接的作用。

经注》：“好生恶死曰仁，临财不欲、有难相济曰义，尊卑慎序曰礼，智深识远曰智，平直不移曰忠，信义可覆曰信。”后“行”，执行，实行。

　　“是故非法不言[1]，非道不行[2]；口无择言[3]，身无择行[4]；言满天下无口过[5]，行满天下无怨恶[6]。三者备矣[7]，然后能守其宗庙[8]。盖卿大夫之孝也。

［注释］

[1]是故：因此，故而。非法不言：不符合礼法的话不说。　[2]非道不行：不符合礼法的事不做。　[3]口无择言：口中说出的话，无人厌恶。择，“斁（yì）”的假借字，讨厌，嫌恶。　[4]身无择行：不做使人厌恶的行事。　[5]言满天下无口过：指在很多地方说话，都没有过错。　[6]行满天下无怨恶（wù）：无论在哪儿做的事，都不会使人厌恶。怨恶，埋怨和厌恶。此“怨恶”二字，可视为对上文之“择”的解释。　[7]三者备：指上文之合于先王规制的服饰、言语和德行都完全做到。　[8]守其宗庙：宗庙是古代祭祀先人的场所。天子、诸侯、大夫、士都有其家族的宗庙，此处宗庙指卿大夫的宗庙。若家族被废去封爵，则其宗庙被毁。故言要“守其宗庙”。守，守护。

　　“《诗经》云[1]：‘夙夜匪懈[2]，以事一人[3]。’”

［注释］

[1]《诗》：下引诗句见《诗经·大雅·烝民》。据说该诗是尹吉甫赞美周宣王所作。　[2]夙：早晨。夜：晚间。匪：同"非"，不。懈：惰，松懈。　[3]以："用"的意思。一人：指天子。

［点评］

周朝时，周天子分封诸侯，诸侯在自己的封土内再层层分封，又有五等之爵。《礼记·王制》言："诸侯之上大夫卿、下大夫、上士、中士、下士，凡五等。"卿大夫是王朝和诸侯国政令的执行者，他们能否遵循先王制定的礼仪规定，忠实地按照王朝的根本利益来处理政事，关系到王朝和诸侯国的政治、经济、社会和民生，故本章言卿大夫之孝，就是其服饰、言论、行动都必须遵守礼制，为民众作出表率，然后才能守住自家的地位和宗庙祭祀。

法服、法言，是古代对各等级者的服饰和言论的规定。如此，既是为了标示和固化各种人身份地位的尊卑贵贱，也是对各等级者穿着和言辞的规范，谁若有所逾越，就是僭上逼下违礼非法的行为，就是大逆不道，要受到惩罚。《论语·颜渊》："子曰：'非礼勿视，非礼勿听，非礼勿言，非礼勿动。'"即指此。孔子对各种人尤其是为臣者言行的揣摩是很到位的。这是要求卿大夫们穿规定服饰，谨慎言行，话语和行动都合乎礼制，不被人讨厌怨恨，就可以守住家族和个人的地位和相应官职。

立庙祭祀，是宗法制度下宗子的特权，亦是其地位的象征，必须世代守之，而不能丧失，这是卿大夫之孝的要害所在。如果他的服饰、言语和德行都合乎先王礼法，就能守住祭祀宗庙的权力。否则就要被废黜，就会丧失其地位和特权，宗庙也就无人祭祀或被毁了。卿大夫守住宗庙，就是守住了家族和个人的地位和特权，连祖宗留下的卿大夫地位都丧失了，你就是逆子，还有什么孝可言？

所引《诗经》诗句道出了卿大夫之孝的关键，"夙夜匪懈，以事一人"。之所以要求卿大夫们早起晚睡，慎言慎行，一切唯礼，是因为你的爵位、官职、荣华富贵都源于天子和诸侯的分封，你的任务就是要侍奉天子和诸侯，对他们负责，否则，你就会丧失宗庙的祭祀，没有了卿大夫的权力和地位。原来，古代政治家所说的为民都是假的虚的，唯上才是真的实的。尤其是当遇到对上负责与对民负责互相矛盾时，卿大夫们怎么处置就成了大问题。一般来说，"舍得一身剐，敢把皇帝拉下马"的到底是少数，多数人会选择舍民保位，按天子国君说的做，哪怕他是如殷纣、周厉那样的天子，也无条件服从，助纣为虐。在这种情况下，老百姓还有什么活路？至于普通的卿大夫，他的道德可能并不很高尚，即使他遵循《孝经》中卿大夫之孝的要求，谨小慎微，严格恪守周礼中礼乐服饰规范，处理任何政事时，上看天子国君的脸色，下看能否保住家族和自己的地位，一心讨好上司，对下欺瞒百姓，那他也不可能是个好官。所以，即使是《孝经》中规定了的，也不能盲从，为官首先是讲良心，要记住归根结底官都是民供养的，应该时刻设身处地为老百姓着想，"当官不为民作主，不如回家卖红薯"。

士章第五^[1]

“资于事父以事母^[2]，而爱同；资于事父以事君^[3]，而敬同。故母取其爱^[4]，而君取其敬^[5]，兼之者^[6]，父也。

[注释]

[1] 士章：敦煌遗书甲卷、乙卷、戊卷、己卷、庚一、辛卷、癸卷皆作“士人章”。陈铁凡言：“其作‘士人’者，疑涉下章‘庶人’而讹。”士，士是周代次于卿大夫的最低一等的爵位，有上士、中士、下士三级，又是中低级官吏的名称，还是各种有才能者的通称。这里主要是指爵位为士的人。　[2]“资于事父以事母”二句：言要以侍奉父亲的爱戴之心去侍奉母亲，使母亲也受到与父亲一样的爱戴。古代男尊女卑，故将事父置于事母之前。资，取，拿。　[3]“资于事父以事君”二句：对父亲的孝既要尊敬又要亲爱，对国君的孝不要求亲爱，只要求尊敬。《群书治要》郑注：“事父

本着国无二君、家无二主的理念，士人对父亲对母亲对国君的孝行是不一样的，对父亲是既敬又爱，对母亲是爱，对国君是敬。士人有了对国君的敬才能做到忠。而忠是古代社会对臣子的根本要求。《论语·卫灵公》：“子曰：‘事君，敬其事而后食。’”忠臣侍奉国君，其基本要求是敬业，将公事放在先，私事置于后。

与君，敬同爱不同。"　[4]母取其爱：对母亲行孝不要求尊敬，只要求如对父亲般的亲爱。　[5]君取其敬：孝道在为臣对国君的态度上，只要求如对父亲般的尊敬。　[6]"兼之者"二句：对母亲要亲爱，对国君要尊敬，对父亲的孝道则既亲爱又尊敬。兼，同时具备。之，指亲爱与尊敬。

《论语·学而》载："有子曰：'其为人也孝弟，而好犯上者，鲜矣；不好犯上，而好作乱者，未之有也。君子务本，本立而道生。孝弟也者，其为仁之本与！'"

"故以孝事君则忠[1]，以敬事长则顺[2]。忠顺不失[3]，以事其上[4]，然后能保其禄位[5]，而守其祭祀[6]。盖士之孝也。

[注释]

[1]以孝事君则忠：用孝来侍奉国君，就能做到忠诚。　[2]以敬事长则顺：用恭敬对待上级就能做到顺从。长，长上，即今言上级、上司。士人出仕，在公卿大夫之下做事，就要侍奉公卿大夫，故言"事长"。顺，顺应，服从。　[3]忠顺不失：即在忠和顺两方面都做得很好，不出现任何不当或失误。不失，不犯过失。[4]上：指上级、上司，上级官员。[5]保其禄位：禄指俸禄，官吏的薪俸。禄位是公家所给，故言"保"。保，安镇也。禄与位是互相关联的，有位则有禄，无位则无禄。　[6]守其祭祀：祭祀指备供祭品，祭神供祖的活动。无牲而祭称为荐，荐而加牲称为祭。各种等级的人祭祀的对象不同，士为家族之宗子，即家长，有主持祭祀祖先的权力，庶子只能协助和参加祭祀。祭祀是家族之内的事，是私，故言"守"。祭，际也，神人相接为祭。祀，似也，言祀者似将见先人也。

　　"《诗》云[1]：'夙兴夜寐[2]，无忝尔所生[3]。'"

"无忝尔所生"与首章"立身行道，扬名于后世，以显父母"，说的是一个问题的两个方面。孝子夙兴夜寐，努力做事，审慎为人，就能扬名后世，光显父母宗族。

[注释]

[1]《诗》：下文所引诗句见《诗经·小雅·小宛》，据说，该诗为大夫讥刺周厉王而作。　[2]夙：早。兴：起，起床做事。寐（mèi）：睡觉。　[3]无忝（tiǎn）尔所生：不要使你的父母受辱。儿子事君不忠、事上不顺，而遭致惩处，就会使父母受到羞辱，其名誉受到伤害。无，别，不要。忝，辱，羞辱。所生，生养你的人，即你的生身父母。

[点评]

　　士是周代次于卿大夫的最低一等爵位，又是中低级官吏的名称，还是各种有才能者的通称。士有任官吏者，也有未任官吏者，凡被任为官吏者，同时就是其家族中的族长，亦即古代国家基层组织的管理者。

　　士有着人子和人臣的双重身份，士之孝的关键是以事父事母的态度去事君、事上，"以孝事君则忠，以敬事长则顺"。士人以孝敬侍奉国君，就能做到忠诚无奸，以孝敬侍奉上司，就能顺从无碍，而不忤逆和违抗，这样就能保住自己的俸禄，守住家族中的祭祀。这些意见，可以看作儒家德治中对基层统治者道德和行为的根本要求。忠就是忠诚无二心，顺就是顺从不违抗。有此二者，官场的上下级关系就能维系，自上而下政令的推行和处理就有了保障，这是古代保证国家机器运转以及士保住其职务与家族地位的基本条件。《论语·八佾》："孔子曰：'君使臣以礼，臣事君以忠。'"在孔子看来，臣与君的权利和义务是双向的，没有君对臣的礼，就不能要求臣对君的忠。自古以来，愚忠都受到古代开明政治家的否定，也不为《孝经》所提倡，否则为什么后边要设《谏诤章》，强调"臣不可以不争于君。故当不义则争之"？这一规定，虽然不彻底，却是古代社会从根本上阻挡国君过度胡作非为的最后一道门槛。

庶人章第六^[1]

"用天之道^[2]，分地之利^[3]，谨身节用^[4]，以养父母^[5]，此庶人之孝也。

［注释］

[1]庶人：庶是众的意思，庶人指天下一般有自由身份的平民。夏商周三代的庶人，有居住于都邑（国）之中的市民（又称国人），也有居住在鄙野从事劳作的农人（也称野人、鄙人）。庶民是古代等级社会中最普通、最广大的一个群体，是最主要的生产者，主要是农民，还有手工业者和商贾。　[2]用天之道：主要指春生（春季耕种）、夏长（夏季耘苗）、秋敛（秋季收获）、冬藏（冬季入库）等农事，这些活动有很强的季节性，都要按自然规律去做，不违农时，违背自然规律，将会受到惩罚，甚至一无所获。用，顺应，凭依，利用。《群书治要》本作"因"。天之道，指自然的规律。　[3]分地之利：指区别各种不同的土质，根据其高低平隰的不同，进行种植，以获得最好的收益。分，区别，

古代社会以农业立国，农业是最主要的经济生产，农民是庶人的最主要成份。农人的孝，就是种好地，进行农副业生产，才可能供养好父母。

分别。《古文孝经》作"因"。利，利益，好处。敦煌卷子误作"理"。　[4]谨身：即自己的行为恭敬、谨慎，言行合于礼的要求，不做非礼之事，以便远离刑罚的羞辱。谨，恭敬，谨慎。节用：节省费用。用，指庶人家中衣服、饮食、居住、丧祭等方面的花费。　[5]以养父母：古人认为孝子供养双亲有"五道"，包括养体的"修宫室，安床第，节饮食"，养目的"树五色，施五彩，列文章"，养耳的"正六律，和五声，杂八音"，养口的"熟五谷，烹六畜，和煎调"，养志的"和颜色，悦言语，敬进退"等。以，拿来，用来。养，赡养，供养。

本章此处总论五孝，认为从天子到庶人，无论尊贵者还是卑贱者，也无论是作为孝道之始的事亲还是作为孝道之终的立身，要实行都是不难的。要是还有人忧虑自己做不到孝，那是绝对不必要的。

"故自天子至于庶人，孝无终始[1]，而患不及者[2]，未之有也。"

[注释]

[1]"自天子以至于庶人"二句：因此，从天子到庶人，无论尊贵者还是卑贱者，也无论是作为孝道之始的事亲还是孝道之终的立身。指从天子至于庶人，实行孝道，没有开始与终结的区别。终始，指《开宗明义章》所言"身体发肤，受之父母，不敢毁伤，孝之始也。立身行道，扬名于后世，以显父母，孝之终也。夫孝，始于事亲，中于事君，终于立身"。也有释"孝无终始"为行孝无始无终，"患"为祸患，故而释全句为，如果行孝道用心不纯，用力不果，从而在立身和事亲方面都没有始终，这样，要想祸患不及其身，也是不可能的。亦可备一说。　[2]而患不及：而担心自己做不到孝。《群书治要》本，"及"字后有"己"字。患，忧虑，担心。及，赶上，做到。

[**点评**]

有人将士包括于庶人之内，如《穀梁传》成公元年言：“古者有四民：有士民，有商民，有农民，有工民。”《公羊解诂》言：“古者有四民：一曰德能居位曰士，二曰辟土殖谷曰农，三曰巧心劳手以成器物曰工，四曰通财货曰商。”将士视为一种职业，说从职业看，庶人又有士、农、工、商之别。从本书将士与庶民分列看，至少《孝经》的作者未将士包含于庶人之中。

庶人在社会上是除奴隶以外身份最低者，也就是我们常说的基层群众，故本书将其置于五孝中之第五孝加以论说。其中的庶人，主要是从事劳作的农业劳动者，其次为手工业者和商贾。本章论庶人的孝，最根本的是努力生产，谨慎节用，供养父母。因为五孝之论至此章结束，故而最后对五孝进行了总结，指出，人无论尊卑贵贱，只要始终如一，孝都是可以做到的。从大的方面看这样说没有错，因为无论尊为天子或贱为庶人，都是人之子，子就有孝敬父母的责任。孝敬父母除了精神上的和悦以外，还必须有一定的物质基础，对于天子、诸侯、卿大夫、士来说，这不成问题，只要保住自己的禄位，就会有多少不等的物质可以拿来供奉父母。对于庶人来说却不然，《孝经》里说他要努力耕作，充分发挥土地的潜力，才能用种地的收获去供奉父母，养生送死。古代农业基本靠天吃饭，年成有好有坏，收获有丰有欠，总体来说都不宽裕，所以他必须“谨身节用”，就是要俭省再俭省，才能有钱财满足供养父母的最低需要。《孝经》写庶人的孝，有意无意忽视或者隐瞒了一个最重要的问题，就是庶人不仅要养活自己和家庭所有成员，更要拿出收获中相当大的部分以贡赋或其他形式去供养从天子到士的那些食利者，遇到天灾人祸也得自己扛着。虽然说，即使只有一点吃食也先拿给父母就是孝，但是，为了将少得可怜的一点东西都省下来供养父母，而不得不埋了儿子，休了妻子，虽说是迫不得已，但这种孝岂不是太没有人性了吗！因而，说庶人也"孝无终始，而患不及者，未之有也"，就只是画饼而已。

三才章第七[1]

曾子曰："甚哉[2]，孝之大也[3]！"

[注释]

[1] 三才：指天、地、人。《易·说卦》："昔者，圣人之作易也，将以顺性命之理，是以立天之道，曰阴与阳；立地之道，曰柔与刚；立人之道，曰仁与义。兼三才而两之，故易六画而成卦，分阴分阳，迭用柔刚，故易六位而成章。"《孝经正义》邢疏言："天地谓之二仪，兼人谓之三才。" [2] 甚哉：是最重的一种感慨。甚，很，非常。哉，语气词，表示感叹，相当于现代汉语中的"啊"。 [3] 大：伟大，此处主要指孝道内含的广博和意义作用的重大。

本章以曾子的感叹，引出孔子对孝道的进一步论说。指出孝道是合于天之经地之义的人的德行，孝道推行的关键是天子国君行为的引导。告诫天子国君千万要博爱、德义、敬让、循礼，为民众做出榜样。

子曰："夫孝[1]，天之经也，地之义也[2]，民之行也[3]。天地之经[4]，而民是则之。则天之本章所论"夫孝，天之经也，地之义也，民之行也"，与《左传》昭公二十五年，子产论礼所言"夫礼，天之经也，地之义也，民之行也"近同。朱熹认为这是《孝经》抄袭《左传》的证据，说："《三才章》用《左传》，易礼为孝，文势反不若彼之贯通，条目反不若彼之完备，明是此袭彼，非彼袭此也。"然而，本人考证，《孝经》与《左传》的撰述年代大体相近，两者采用当时流行的同一类论词也就不足为奇。

明[5]，因地之利[6]，以顺天下[7]，是以其教不肃而成[8]，其政不严而治[9]。先王见教之可以化民也[10]，是故先之以博爱[11]，而民莫遗其亲[12]；陈之于德义[13]，而民兴行[14]；先之以敬让[15]，而民不争；导之以礼乐[16]，而民和睦[17]；示之以好恶[18]，而民知禁。

[**注释**]

[1]"夫孝"二句：言孝为天之常道。据董仲舒说，人有父生子，子长之；父之长，子养之；父之所养，子成之。完全合乎天道之五行相生之义，是天之道。经，常规，原则。指永恒不变的道理和规律。   [2]地之义：孝就像大地有五土之分，山川高下、水泉流通有准则一样，是符合大地万物运行准则的行为。义，适宜，态度公正，合理合法。   [3]民之行：言孝是符合人本性的行为。行，履行，实行。   [4]"天地之经"二句：天上有日、月、星辰照明，地上生长万物供给人类，人以天地的运行作为自己行为的法则，实行孝道。是，指示代词，复指前文之"天地之经"。则，效法，作为准则。   [5]则天之明：仿效天上的日、月、星辰给民众以光明。从下文"顺天下""其教""其政"看，则天之明所省略的主语，是王或国君，而不是民人。故则天之明，当指王或国君效法上天给民众以光明。   [6]因地之利：按照土地的特点，去获得收益。即区分土地的高下、肥瘠，适合于何种生产（植树、养鱼等）或种植何种庄稼，以获取最好的收益。王或国君有指导全国生产的任务，故需考虑如何充分利用土地，以获得最大收益。   [7]以顺天下：以孝道顺应天下万民之心。   [8]是

以：因此。其：指王或国君。肃：严肃，指用严厉惩治的办法去强制民众接受。成：成功，成就，达到目的。　[9]政：政治，政事。严：烦琐，苛刻。治：即天下太平，社会安定。　[10]先王：已逝世的帝王，此处指夏禹、商汤、周文王、周武王等圣王。教：思想道德教育和行动的感召。化：渐变，指民众受统治者行动的感召而逐渐向孝义和善良变化。　[11]是故：因此。先：率先实行，带头去做，为民众作出榜样。博爱：广泛地实行仁爱，泛爱众人。即前《天子章》"爱亲者，不敢恶于人；敬亲者，不敢慢于人"。《论语·学而》："泛爱众，而亲仁。"　[12]遗：遗弃，遗忘。亲：指父母。　[13]陈之于德义：言天子国君率先陈说道德之美、正义之善。陈，广布，陈说。于，《群书治要》本及古文孝经作"以"，义同。　[14]民兴行：民众都会很有兴致地自动地讲道德、行义举。言天子国君陈说德义之美善，为群情所慕，则人皆发心志而仿效实行。兴，兴趣，兴致。行，实行。　[15]"先之以敬让"二句：言天子国君率先敬重别人，对地位、荣誉、钱财互相谦让，民众就都会效法而不去争夺。敬，尊重他人为敬。让，谦让，指在地位、荣誉、钱财等方面，不与他人相争。　[16]导：古文作"道"，义同，引导，开导，疏导。礼：一定社会形成或制定的人们的行为和道德规范，此处讲的主要是周礼。乐：音乐，这里指的也是西周形成的一套音乐制度。　[17]民和睦：人民关系和顺亲睦。　[18]"示之以好恶"二句：《礼记·缁衣》："子曰：'上人疑则百姓惑，下难知则君长劳。故君民者，章好以示民俗，慎恶以御民之淫，则民不惑矣。'"示，拿出来给人看，使人明白。好，喜好和提倡的。恶，厌恶和反对的。禁，禁止，即不许做的非法的事。

"《诗》云[1]：'赫赫师尹[2]，民具尔瞻[3]。'"

[**注释**]

[1]《诗》：下引诗句见《诗经·小雅·节南山》。据说，此诗为周大夫家父刺讥幽王的诗。 [2] 赫赫：声威显扬、显明华盛的样子。师尹：即尹氏为太师者。师指太师，为商周三公（太师、太傅、太保）中地位最高者，掌管辅佐天子，治理国家。 [3] 民具尔瞻：民众都在看着你的所作所为。《疏》言："言助君行化，为人模范，故人皆瞻之。"具，皆，都，全部。瞻，视，看着。

[**点评**]

以上五章，孔子向曾参陈述了五等之孝，曾参感叹万分。孔子由此进一步阐述孝道的意义，指出孝是符合天地运行法则和人类本性的行为，是三才和合的体现。孝道不仅符合天道运行的法则，也符合土地变化的规律，还是处理人际关系、促进社会和谐的最佳方法。先王以孝道治理天下，从博爱、道德仪礼、敬让、礼乐、好恶等五个方面去教化民众，不用严厉的态度就能使民众服从，不用严刑峻法就能使社会得到治理。这些观点，就是所谓的孝治，构成了先秦儒家德政的思想基础和理论根据。《春秋繁露·为人者天》："圣人之道，不能独以威势成政，必有教化。故曰，先之以博爱，教以仁也。难得者，君子不贵，教以义也。虽天子必有尊也，教以孝也；必有先也，教以弟也。此威势之不足独恃，而教化之功不大乎！"本章内容与之相近。

本章虽以三才为名，却是专讲人之孝道的。这样做，一是要说明天、地、人三者，人是最为尊贵、最有灵性的。

正如《易传·系辞下》言："有天道焉，有人道焉，有地道焉。"《尚书·周书·泰誓》说："惟人万物之灵。"从而提出了人本主义的命题，指出了人之所以为人的关键所在。孝道的根本是爱亲人、爱他人、爱所有的人，更成为其仁学、仁道观的理论根据。二是要说明，天地人之间的关系应该是相互依存、共荣共生、和谐共处，不能互相戕害，尤其是人要遵循和顺应自然法则和规律去从事各种活动，否则天地是要报应惩罚人的。三是要说明，孝是符合天经地义的人类德行，为孝道和孝治提出了最合理的理论根据。行孝道就要泛爱众，尊重所有的人。四是要说明，天子国君以博爱、德义、敬让、礼乐去教化民众，民众就会孝敬其亲、自觉讲道德礼义、不相争、和睦、知禁，社会自然就和顺且大治了。

　　古代统治者和儒家都十分重视礼乐的作用。《礼记·乐记》言："乐由中出，故静；礼自外作，故文。大乐必易，大礼必简。乐至则无怨，礼至则不争，揖让而治天下者，礼乐之谓也。暴民不作，诸侯宾服，兵革不试，五刑不用，百姓无患，天子不怒，如此则乐达矣。合父子之亲，明长幼之序，以敬四海之内，天子如此，则礼行矣。"那么什么是礼乐呢？礼，即周礼，大体是在西周时形成的一套关于礼制、礼仪和礼意的说法。大的方面，有由王朝掌握的五礼，即关于祭祀的吉礼，关于冠婚的嘉礼，关于宾客的宾礼，关于军旅的军礼，关于丧葬的凶礼，它们各有不同的规定。另外，又有五等之礼，即对天子、诸侯、卿大夫、士、庶人这五个不同等级在不同场合的礼节要求。在民间，有所谓六礼，即冠、婚、丧、祭、乡饮酒、相见之礼。而关于一般人成婚的礼，又有纳采（向女家送礼求亲）、问名（询问女子的名字与生辰）、纳吉（卜得吉兆后到女家报喜，送礼，定婚）、纳征（订婚后给女家送重礼）、请期（选定完婚吉日，向女家征求意见）、亲迎（新郎到女家迎亲）。乐，音乐，指的也是西周形成的一套音乐制度。包括不同等级的人在不同场合下的乐器的配制使用、诗歌的选择和乐舞人数的规定。如天子享用八佾之舞，由八八六十四人演出。诸侯用六佾之舞，大夫用四佾之舞，士用二佾之舞。乐钟的配制，有宫悬、曲悬（轩悬）、判悬、特悬的不同。

本章以三才为题，并没有面面俱到地讲各种人的孝行要求，而是集中教导天子、国君应该如何带头行孝道，行孝治，强调天子国君本身思想行为的示范和引导作用。这就抓住了治国和齐家的根本问题，是上层对自己德行的约束，自己做出了榜样，才能对天下、全国和全家发号施令，你的教化才能有实效，下边的人才会很乐意地听你的话，孝道才可能在全国上下推行起来，实现天下大治的目标。正如《礼记·缁衣》中记载的："子曰：'下之事上也，不从其所令，从其所行。上好是物，下必有甚者矣。故上之所好恶，不可不慎也，是民之表也。'"本章末段引《诗经》"赫赫师尹，民具尔瞻"，最画龙点睛。这是在告诫天子和国君们，天下的人民都在看着你的一行一言哩，你们要检点自己的言行，可别胡作非为啊！

孝治章第八^[1]

子曰："昔者，明王之以孝治天下也，不敢遗小国之臣^[2]，而况于公、侯、伯、子、男乎^[3]？故得万国之欢心^[4]，以事其先王^[5]。

[注释]

[1] 孝治：即以孝道治理天下。这一章是继前章之后，主要教导天子如何以孝治天下，从而带动诸侯、卿大夫、士、庶人等治理好国家、家族、家庭。　[2] 不敢遗小国之臣：意为即使是小国派来聘问的使臣卿大夫，天子都能待之以礼，而不敢有所轻视，使之失所。遗，轻忽，使之失所。小国之臣，指小诸侯国之君派到王朝来聘问天子的使臣。　[3] 而况于公、侯、伯、子、男乎：言古代圣明天子见到来聘问的小国微臣都很尊重，何况对那些诸侯国君更应敬重呢！而况，何况。公、侯、伯、子、男，惯指周之五等爵位。《礼制·王制》言："王者之制禄爵，公、侯、伯、

童书业《春秋左传研究》言："旧谓周代诸侯有公、侯、伯、子、男五等，其名次已见《春秋经》。然观金文、《周书》《诗》《春秋经》等，所谓五等爵或不见，或有而紊乱。考《书·康诰》……则所谓'诸侯'，指侯、甸、男、采、卫等爵位，是即所谓'周爵五等'也。然侯、甸、男爵位较高，而采、卫一若后世之所谓'附庸'者，地位较低。"备此一说，以供参考。

子、男，凡五等。"据说，公取公平正直之义，侯取候望伺候之义，伯取明白于德之义，子取奉恩宣德、爱及小人之义，男取任王职事之义。 [4]万国：据说，周初总计分封了一千八百个诸侯国，后来诸侯强吞弱而众暴寡，到春秋之初仍有一千二百国，而见于《春秋》经传者百有七十国，其中百三十九知其所居。此处以万国概言周之各诸侯国。万，很多，无数。国，诸侯国。欢：高兴，欣喜，欢以承命。范祖禹言："上以礼待下，下以礼事上，而爱敬生焉。爱敬所以得天下之欢心也。" [5]以事其先王：指各诸侯国以职贡前来王朝助祭天子祖先。诸侯定期前来朝贡，以方物助祭天子宗庙，是拥护天子、承认其为本国宗主的表现。

任何一位治国者都希望能够得民心，得民心才能得天下，失民心就要失天下。要得民心，就必须摆正自己的位置，从小事做起，包括对鳏寡孤独者的关心和尊重。这看起来是很平凡的道理，其实有些在位者是不懂的，或者故意装作不懂。

"治国者[1]，不敢侮于鳏寡[2]，而况于士民乎[3]？故得百姓之欢心[4]，以事其先君[5]。

[注释]

[1]治国者：治理国家的君主，即诸侯。天子为治天下者。 [2]侮：轻视，凌辱，怠慢。鳏（guān）寡：社会上最低微可怜的人。《孟子·梁惠王下》言："老而无妻曰鳏，老而无夫曰寡，老而无子曰独，幼而无父曰孤。此四者，天下之穷民而无告者。文王发政施仁，必先斯四者。" [3]士民：士人和庶民，此处士人指庶民中有知识者，非有职之士。 [4]故得百姓之欢心：故而能获得百官的衷心拥戴。唐玄宗注云："诸侯能行孝理（即'治'），得所统之欢心，则皆恭事助其祭享也。"百姓，指贵族百官。 [5]以事其先君：指贵族百官都主动贡献物品给诸侯以协助祭祀诸侯先君。诸侯立五庙，即父、祖、曾祖、高祖、始祖之庙。

"治家者 [1]，不敢失于臣妾 [2]，而况于妻子乎 [3]？故得人之欢心 [4]，以事其亲 [5]。

[注释]
[1] 治家者：据唐玄宗注，指受禄养亲的卿大夫。吕维祺却将治家者理解为兼指治理大家庭的卿大夫和治理小家庭的庶人，言："以此教卿大夫、士、庶人，而治一家者。"从"治"的角度看，此说似乎更为合理。　[2] 不敢失于臣妾：《疏》引刘炫云："臣妾营事产业，宜须得其心力，故云，不敢失也。"失，失礼，所言所行不合礼义，或不知其人心意。臣妾，指家中卑贱的男女仆役，男仆为臣，女仆为妾。唐玄宗注云："臣、妾，家之贱者。妻、子，家之贵者。"《群书治要》本，"臣妾"下增"之心"二字。　[3] 而况于妻子乎：《礼记·哀公问》："孔子曰：'昔三代明王之政，必敬其妻、子也，有道。妻也者，亲之主也，敢不敬与？子也者，亲之后也，敢不敬与？'"妻子，妻子和儿子。　[4] 人：指全家族或全家庭自妻、子至奴、婢人等。　[5] 以事其亲：指奉养父母老人。

"夫然 [1]，故生则亲安之 [2]，祭则鬼享之 [3]，是以天下和平 [4]，灾害不生 [5]，祸乱不作 [6]。故明王之以孝治天下也如此 [7]。

《论语·学而》："有子曰：'其为人也孝弟，而好犯上者，鲜矣。不好犯上，而好作乱者，未之有也。'"

[注释]
[1] 夫：发语词。然：如此，这样。指天子以孝道治理天下，在其感召下，诸侯、卿大夫、士、庶人都以其为榜样，各自治理

列国、治理家族、治理家庭。　[2]故生则亲安之：所以父母健在时就得到子女以亲礼孝养的安逸。《礼记·祭义》：“君子生则敬养，死则敬享，思终身弗辱也。”生，指父母健在、活着。亲，亲子之孝。安，舒适安乐。　[3]祭则鬼享之：言父母死后就受到子女以待鬼之礼祭祀供奉。鬼享，亡灵得到酒食供祭。鬼，人死曰鬼。《礼记·祭义》：“子曰：‘众生必死，死必归土，此之谓鬼。’”《礼记·祭法》注云：“鬼之言归也。”享，《群书治要》本作“飨”，通用字，皆为受用、享用之义。　[4]和平：和睦，太平。《群书治要》郑注云：“上下无怨，故和平。”　[5]灾害不生：风调雨顺，没有自然灾害。天违反时令，为灾，就是风雨不节。地违反常理为妖，妖将害物，就是水旱，损伤禾稼。　[6]祸：指鬼神作祟为害。乱：指地位低者反抗地位高者。作：兴起，出现。　[7]故明王之以孝治天下也如此：言天下和平，灾害不生，祸乱不作，都是由于明王用孝道治理天下才实现的。

“《诗》云[1]：‘有觉德行[2]，四国顺之[3]。’”

[注释]

[1]《诗》：下引诗句见《诗经·大雅·抑》。据说，这是卫武公讥刺周厉王并用以自警的诗。　[2]有觉德行：意为天子果真有崇高的道德和孝义的行为。觉，大也。德行，崇高的道德行为。　[3]四国顺之：天下各地都会因此而被训化，从而服从他的统治。顺，通“训”，化的意思。此四国指天下四方。

[点评]

孝治，即以孝道治理天下。这一章，是继前章之后，进一步阐述如何通过行孝使天下、国、家都得到治理。讲过去的圣明天子以孝道治天下，对大小诸侯，甚至小国之臣，都一视同仁，受到天下诸侯的拥护。在圣明天子的影响下，诸侯以孝道治其国，对民众，无论贵贱都很尊重，故而受到全国臣民的拥护；卿大夫士庶人以孝道治其家，对上至妻、子，下至奴、婢，都尊重有礼，得到全家人的欢心。这样做的结果，为人父母者都得到安养或祭祀，天下和平安定，不会出现灾害和祸乱，效果是非常显著的。

这些观点的基础是"仁"，是孔子所说的"仁者爱人"。凡是讲孝道，以孝道治天下、治国家、治家庭的人都应该泛爱众，从天子对待小国之臣，到诸侯对待鳏寡孤独者，再到卿大夫、士、庶人对待家中的奴仆，都应该尊重他们的人格，这样才能得到天下诸侯的拥护，得到全国士民的拥护，得到家中妻子儿女和仆役的拥护，这样就能安心孝敬自己的父母，平静地祭享去世的父母，实现天下和平、灾害不生、祸乱不作的太平盛世。从中我们看到古代社会圣贤的一种理念，天下人无论贵贱，在人格上都是平等的，都应该予以尊重，这才是治国齐家的根本。这种理念，在任何时代都是有价值的，因为有些人并没有认识到这一点，总想着你是我的臣民部下、你是我花钱买来雇来的，我就可以对你颐指气使，呵斥剥夺甚至残害。让这种人去管理大至一国，小至一家，没有不出乱子的。

还要注意，《孝经》中讲孝治及其应有的仁爱说到底只是手段，而不是目的。其目的是"事其先王""事其先君""事其亲"，就是维护天子、国君和家族长们在天下、国家和家族家庭的特殊权力和地位，如若下人威胁到其在天下、国家和家族家庭的权力地位，他们会不再对下人讲仁爱，而是动用一切手段来维护之。

"以孝治天下"观，从私德领域的"孝亲"扩展到了公德范畴的社会政治伦理。换言之，按照书中的逻辑，从"孝亲"证明"孝君"的合理性、正当性，混淆了私德与公德（公德中的社会政治伦理方面）的本质区别。《孝经》这一观点，被孔子弟子有子等力倡。但是，从孟子论证四心四德和董仲舒建构仁义说，直至宋朝程颢"仁本"学说正式确立，历代大儒都自觉坚守"仁本"说，而没有主张"孝本论"，孝回归家庭伦理，只在家庭伦理中孝才具有存在的正当性。

圣治章第九[1]

曾子曰："敢问圣人之德[2]，无以加于孝乎[3]？"

[注释]

[1]圣治：讲圣人如何利用孝道使社会得到最好的治理。治，治理。　[2]敢：谦词，有冒昧、大胆的意思。此句为曾参对其师孔子提问，故以"敢问"来表示其敬意。圣人：据下文，此处指周公旦。德：道德，德行。　[3]无以加于孝乎：没有比孝道更重要的吗？以曾子提问开头，目的是引出孔子孝道为最高道德的论说。加，更，高于，大于，在其上。

子曰："天地之性[1]，人为贵。人之行[2]，莫大于孝。孝莫大于严父[3]，严父莫大于配天[4]，

本章以曾子的提问开头，引起对圣治的论说。司马光《进〈古文孝经指解〉表》言："臣闻圣人之德，莫加于孝。犹江河之有源，草木之有本。源远则流大，本固则叶繁。是以由古及今，臣畜四海，未有孝不先隆，而能宣昭功化者也。"言圣人德行的根本是其大孝。

古人认为天是最伟大的，父亲是最值得尊崇的，父亲在世时孝子将其视为自己的天，父亲死后孝子以其配享上天，都是孝子对父亲最大的尊崇。据说，有虞以前配天的都是有德者，不一定是同姓。自夏以后，虽是同姓，但不一定是其始祖和父亲。历史上，周公旦最早实行以始祖和父亲配天之礼。《汉书·平当传》载平当上书言："夫孝子善述人之志，周公既成文、武之业而制作礼乐，修严父配天之事，知文王不欲以子临父，故推而序之，上极于后稷而以配天。此圣人之德，亡以加于孝也。"是对周公其事最明晰的解释。

则周公其人也 [5]！

［注释］

[1]"天地之性"二句：天地之间的千万生物，人是最贵重的。古人认为，人和各种生物都是得到天地之气才有了形体，得到天地之理才有了生命特性，故称天地之性。但各种生物的特性又是不同的，有的蠢笨，有的灵敏。只有人得到了天地的全部神灵之气，有德行，可以与天地同等，而称之为三才之一，这是人区别丁其他生物的根木之处。所以说，天地之性，人为贵。性，生，性命，生命，生灵。《礼记·中庸》言："天命之谓性。"孔疏言："天命之谓性者，天本无体，亦无言语之命，但人感自然而生，有贤愚吉凶，若天之付命遣使之然，故云天命。"认为，性即命，天性即天命，人的吉凶贤愚都是天定的。这里有浓厚的天命观。但这种解释与"人为贵"一说有不相协调之处，故不取。我们将性理解为自然的生命，即一切生物。　[2]"人之行"二句：人的行为没有什么比孝行更重要的。言人之所以为天地间之最贵重者，是因为人讲究道德，而孝是道德的根本，故而人的行为，最重要的是孝行。莫，没有什么。大于，比……大。　[3]孝莫大于严父：孝行没有比尊崇父亲更重要的了。　[4]严父莫大于配天：尊崇父亲没有比以父亲拟比于上天以及父亲亡后将其配享于天更重要的了。配，有匹配和配享二义。匹配，等同，比拟。配享，是在主要祭祀对象之外附带祭祀的对象。周代礼制，每年冬至在郊外祭祀上天，同时祭祀父祖先王，这就是配天之礼。　[5]则周公其人也：那么周公就是这样的人。意为，以父配天之礼是从周公开始的。周公，名旦，周文王的儿子，周武王的弟弟。他辅佐文王使周的力量壮大，辅佐武王灭殷。武王死后，成王年幼，他摄行周政，平定了管叔和蔡叔的反叛，安定了淮夷，营建了洛邑，

制定礼乐制度。在成王成年后，归政于成王，又无私地辅佐成王，巩固了周的政权，被儒家视为最高德行的典范。周公始制以祖配天之礼，见《诗·周颂·思文》:"思文后稷，克配彼天。"

　　"昔者，周公郊祀后稷以配天[1]，宗祀文王于明堂以配上帝[2]。是以四海之内[3]，各以其职来祭。夫圣人之德[4]，又何以加于孝乎?

［注释］

[1] 周公郊祀后稷以配天:周公摄政，在郊祀祭天时以周人始祖后稷配祭。郊，又称圜丘，为祭天之名。之所以将祭天称为郊，是因为该祭在南郊进行。后稷，周人始祖，据传说，他是帝喾正妃姜嫄的儿子，名弃。弃在帝舜时担任农师，号称后稷，教民耕稼有功，分封于邰（今陕西武功西南）。　[2] 宗祀文王于明堂以配上帝:在明堂聚宗族祭祀上帝时，以亡父文王配享。宗祀，聚集宗族进行祭祀。文王，姬姓，名昌，周公之父，号西伯。他继承后稷、公刘的事业，仁慈爱民，礼贤下士，发展了周的势力，树立了崇高的威望，为灭商奠定了基础。明堂，是古代帝王宣明政教的地方。大凡朝会、祭祀、庆赏、选士、养老、教学等大典，都在此举行。《诗·周颂·我将》序:"《我将》祀文王于明堂也。"前人称后稷为天地主，文王为五帝宗，故祭天以后稷配享，祭上帝以文王配享。关于古代明堂的建制，历代礼家和学者众说纷纭。汉高诱、蔡邕和晋纪瞻都以明堂、清庙、太庙、太室、太学、辟雍为一事。隋宇文恺考证，最早的明堂是神农时所建，只有屋顶而无四面之墙，十分简陋。明堂在唐虞时称为天府，在夏时称为世室，在殷时名为重屋，到周时才定名为明堂。周代明堂有八窗

四闼，上圆下方，九室十二阶。上圆象天，下方法地，九室合九州之数，十二阶合一年十二月之数。明堂在国都之南，南是明阳之地，故称明堂。上帝，即五方之帝。旧说周公在明堂祭祀五方上帝，乃尊亡父文王以配享。五方上帝，指东方青帝灵威仰，南方赤帝赤熛怒，西方白帝白招拒，北方黑帝汁光纪，中央黄帝含枢纽。　[3]"是以四海之内"二句：因此天下诸侯各自按照其职位规定进贡物品，来协助天子祭祀。传说，大禹将天下划分为九州，按三等九类进贡物品，又将天下诸侯按其距帝畿的远近分为五服，其中甸、侯、绥三服，都要进纳不同的物品。周贡制为，侯畿贡祀物，甸畿贡嫔物，男畿贡器物，采畿贡服物，卫畿贡财物，蛮畿夷畿贡货物，合称六贡。诸侯向王朝进贡的物品主要用于祭天地祖宗。《诗·周颂·清庙》序言："清庙，祀文王也。周公既成洛邑，朝诸侯，率以祀文王焉。"据说，当时前来助祭的有天下一千八百诸侯。四海之内，指天下的诸侯们。职，即职贡，四方向王朝的贡献。来祭，古文作"来助祭"。　[4]"夫圣人之德"二句：意为圣人的德行，没有比孝行更大的了。这句品评表彰周公以后稷、文王配天是其伟大德行的最高表现。

前人给父母写信，自称"膝下敬禀者"，其源头就在这里，意思是你生养的儿女很尊敬地向您禀报。

"故亲生之膝下 [1]，以养父母日严 [2]。圣人因严以教敬 [3]，因亲以教爱。圣人之教 [4]，不肃而成，其政不严而治 [5]，其所因者 [6]，本也。

[注释]

[1] 亲生之膝下：意为人们亲近挚爱父母的心情，在幼年时已经自然产生。《孟子·尽心上》："孟子曰：人之所不学而能者，其良能也。所不虑而知者，其良知也。孩提之童，无不知爱其亲

者。及其长也，无不知敬其兄也。亲亲，仁也；敬长，义也。无他，达之天下也。"亲，亲近。生，产生，萌生。膝下，膝盖以下，因人幼年时常依赖于父母膝下，故以喻孩童之时。　[2]以养父母曰严：长大成人供养父母并日益尊崇父母。养，奉养。日严，一天比一天更为尊崇。隋时古文"日严"作"曰严"。曰，称作，视为。意为，这就叫作尊崇奉养父母。隋刘炫《孝经述议》残卷言："是故人以己身是亲所生育之，得至成长，以此尊养父母，名之曰严。言天下之人，自然有严亲之意。"　[3]"圣人因严以教敬"二句：圣人凭借人们对父亲的尊崇而教育人们懂得敬畏，凭借人们对母亲的亲近而教育人们懂得爱戴。圣人的这种做法是顺应人情天性施行教化。因，依靠，凭借。　[4]"圣人之教"二句：圣人顺应人的本性教化民众，不必采取严厉的措施就能成功。圣人，此处指周公。肃，峻急，严厉。成，成功，取得成效。　[5]政：政治法令，指管理天下的规定和措施。治：治理，即社会安定，天下太平。　[6]"其所因者"二句：这是由于圣人所凭借的是孝道这个道德的根本。其，指圣人。本，根本，此处指道德的根本，孝道。

"父子之道[1]，天性也，君臣之义也[2]。父母生之[3]，续莫大焉！君亲临之[4]，厚莫重焉！

[注释]

[1]"父子之道"二句：父子之间有着血肉相连的亲情，由此形成的父慈子孝相亲相近的关系，是人的一种自然属性。道，理，事理，此处指父子之间的人伦关系。性，即平常，自然。《群书治要》郑注："性，常也。"　[2]君臣之义也：意为父子之间的

这种关系含有君臣关系的义理。《群书治要》郑注言："君臣非有天性，但义合耳。"《孟子·公孙丑下》："景子曰：内则父子，外则君臣，人之大伦也。父子主恩，君臣主敬。"义，合宜的行为。　[3]"父母生之"二句：言父母生养了子女，子女再传续后代，使宗族血脉不至绝断，是孝道中最重大的事。续，继，连，传，指续先传后、连接上下，人类的自身繁衍。莫大焉，没有比这更重大的事了。焉，于之，比这件事。　[4]"君亲临之"二句：意为父亲有着国君般的威严，又有着血肉的亲情，在人与人的关系上，没有比这更为深重的恩义了。君，指先君，即父亲。临，以上对下。厚，深重，重要。历代对本段中"君亲"的"亲"字有不同的解释。有释为亲自的，有释为亲人，即父亲的。《周易·家人》言："家人有严君焉，父母之谓也。"以父母为严君。故而《群书治要》郑注释此句言："君亲择贤，显之以爵，宠之以禄，厚之至也。"属前一说，意为，国君亲自从臣民中选择贤能，赐爵以显其名，任官以予俸禄，这就犹如父亲对待子女，是多么深重的恩惠呀。但此释与上文所讲父子之道不相协调，有节外生枝之嫌。唐玄宗注言："谓父为君，以临于己，恩义之厚，莫重于斯。"意为父亲在儿子面前，有国君与父亲的双重意义的身份，既有着国君般的威严，又有着血肉的亲情，在人与人的关系上，没有比这更为深重的恩义了。考虑到本章名《圣治》，又不宜完全否定此句中有论君主的意思。故而邢疏调和二说，言："此章既陈圣治，则事系于人君也。案，《礼记·文王世子》称，昔者周公摄政，抗世子法于伯禽，使之与成王居，欲令成王之知父子君臣之义。君之于世子也，亲则父也，尊则君也，有父之亲，有君之尊，然后兼天下而有之。言既有天性之恩，又有君臣之义，厚重莫过于此。"也可说通。

"故不爱其亲[1]，而爱他人者，谓之悖德。不敬其亲，而敬他人者，谓之悖礼[2]。以顺则逆[3]，民无则焉[4]！不在于善[5]，而皆在于凶德，虽得之[6]，君子不贵也！

[注释]

[1]"故不爱其亲"以下三句：意思是如果不爱自己的父母却爱他人的父母，也是违背孝道准则的。他人，即他人之亲。悖（bèi）德，违背公认的道德准则。悖，背，违背。　[2]悖礼：违背礼仪。　[3]以顺则逆：是"以之顺民，民则逆"的省文。意为以悖德悖礼的行事去教化民众，企图使民众顺从，就会造成逆乱。顺，使动用法。则，就。　[4]民无则焉：民众就没有了规范和榜样，不知道怎样去做才是对的。则，规矩，榜样。　[5]"不在于善"二句：不实施爱敬父母的孝行，而用昏乱无道的手段去治理国家。据郑玄说，夏桀和商纣这两个末代君主，就是这种悖德悖礼而使民众无所措手足的恶人。在，居，处。在此处有亲身实行的意思。善，善行，即上文之爱敬亲人的孝行。凶德，昏乱无法，即违背道德。　[6]"虽得之"二句：上边的这种如夏桀、商纣的人即使一时得志，因为他是不符合道德规范的，所以君子也不会看得起他。得，得到，得意，得志。君子，泛指贤者，有识者。《群书治要》本"君子"后有"所"字。不贵，鄙视，厌恶，看不起。

上段概述了以夏桀、商纣为代表的邪恶统治者的行事，揭示了反面的典型。此段则鲜明地提出有识贤能君子与圣明君主所应具有和实行的六项品德行为。

"君子则不然[1]，言思可道[2]，行思可乐[3]，德义可尊[4]，作事可法[5]，容止可观[6]，进退可

度 [7]。以临其民 [8]，是以其民畏而爱之 [9]，则而象之。故能成其德教 [10]，而行其政令。

[注释]

[1] 然：如此，这样，指上述悖礼乱德的行为。　[2] 言思可道：说话经过慎重思考，合乎道义，能被人传颂称道。言，语言，说出来的话。思，思想，考虑。道，称颂。　[3] 行思可乐：行动之前经过慎重思考，合乎规矩，能使别人高兴。行，行动，做事。　[4] 德义可尊：立德行义，能令人尊崇学习。此句及以下数句皆顺承上两句而来，因其"言思可道，行思可乐"，故而能建立崇高的道德，行为合乎义理，从而令人尊崇。　[5] 作事可法：言君子制定制度或建造物品，都能使民众效法。邢疏言："作谓造立也，事谓施为也。《易》曰，举而措之天下之民，谓之事业。言能作众物之端，为器用之式，造立于己，成式于物，物得其宜，故能使人法象也。"作，制作，造作。事，事业，物事。法，效法，学习。　[6] 容止可观：言君子的音容笑貌和一举一动都合于礼仪规矩，可以为民众所观摩。《论语·泰伯》曾子曰："君子所贵乎道者三：动容貌，斯远暴慢矣；正颜色，斯近信矣；出辞气，斯远鄙倍矣。"容止，容貌和举止。观，看，仰望。　[7] 进退可度：君子的一进一退，都经得起民众的推敲检验。《礼记·玉藻》："周还中规，折还中矩。"可度，指步子的大小有一定的长短，转身的动作合于一定的角度。度，量度。"进退可度"还有另一种解释。《礼记·表记》言："子曰，事君难进而易退，则位有序；易进而难退，则乱也。故君子三揖而进，一辞而退，以远乱也。"《群书治要》郑玄注："难进而尽忠，易退而补过。"都是将进退理解为政治上的前进和后退，言一旦在朝堂为仕就要整天考虑如何尽己

忠心；（在必要时）要勇于辞退官位回家闲居，这时要更多地考虑如何补救过失。　[8] 以临其民：言君子实行以上六事，来统治和管理民众。临，在此为统治、管理的意思。　[9]"是以其民畏而爱之"二句：因此民众敬畏他而又爱戴他，将他作为准则而仿效他。畏，畏惧，敬畏，因其有威严而不敢冒犯之。象，模仿，效法，因其有仪象而模仿他。　[10]"故能成其德教"二句：所以能够成就其对民众的道德教化，而顺利地推行实施其政策法令。唐玄宗注："上正身以率下，下顺上而法之，则德教成而政令行也。"德教，以道德施行教化，与专制暴虐统治相对的一种统治方法。

"《诗》云[1]：'淑人君子[2]，其仪不忒。'"

[注释]

[1]《诗》：以下所引诗文见《诗经·曹风·鸤（shī）鸠》。据说这是民众讽刺在位者无君子而用心不一的诗。　[2]"淑人君子"二句：凡是有德行的淑人和有见识的君子，他的仪容礼貌都不会有差错。淑人，有德行的人。淑，美好，善良。仪，仪表，仪容。忒（tè），差错。

[点评]

圣治，就是讲圣人如何利用孝道使社会得到最好的治理。主要以周公为榜样论说圣人如何行孝而使天下得到治理。

这一章由曾子问圣人的德行有没有比孝行更重大的，而引起孔子对孝道作用更深层次的论说。首先阐明天地之间一切生灵中人是最尊贵的，而人的行为中孝是最重大的，孝道中最重要的是尊崇父亲，尊崇父亲的孝行中最重要的是父亡后以之配享于天。通过层层推论，终于推出行孝道而使天下得到治理的最光辉榜样是圣人周公。然后讲圣人君子顺应人们孝敬父母的自然之性以推行其教化和政令，使社会得到治理。在位君子的一切言谈举止都合于德义，给民众作出榜样，就能成就道德教化，顺畅地推行政令。

古人有一个基本概念，在家庭中父为天，母为地。故而孝子对父亲是敬，对母亲是爱。由此，周公将周族始祖后稷和父亲周文王配天祭祀，就是最大的孝行。天下诸侯以周天子为大宗，就要定期前来朝见和贡奉，以协助和参与王室的祭天祭祖活动。此处强调天子以"严父配天"是实现最高孝行的形式，实际上隐含了"孝有等差"的观念，似乎其他人就无法实践对父亲的最大孝行。这一意见，遭到宋明儒家的严厉批评。其实，无论什么人用自己方式去祭祀亡父，都能实现敬父的目标。

本章特别阐述了子女为什么要行孝道，是因为父母生养了子女，子女与父母有血亲关系。而儿子最大的孝是传宗接代，接续家庭的血脉。这种观点，在农业社会和宗法制度盛行的古代，是根深蒂固，不可动摇的。古人知道长生不老是不可能的，因此，把自己生命的延续，寄托于子孙的繁衍上，故而提出不能繁衍男性后代是最大的不孝。《孟子·离娄下》："孟子曰：不孝有三，无后为大。"注云："于礼有不孝者三事：谓阿意曲从、陷亲不义，一不孝也；家穷亲老，不为禄仕，二不孝也；不娶无子，绝先祖祀，三不孝也。三者之中，无后为大。"从家族层面说，没了后代，家族祭祀的香火将会断绝。从家庭来说，没了后代，父母丧失劳动能力后全家生活靠谁来维持？父母死后谁来祭祀？所以古人称"无后为大"，有其重要的社会和经济意义。不过，这种观念在今天看来又是应该批判的。首先，这是重男轻女，子为后，女也可以为后；其次，已婚青年中有一定比例无生育能力者，不能剥夺他们结婚的权利，他们也可以领养孩子来"续香火"嘛！第三，有的青年尚未结婚即因各种原因去世，难道他们也不孝吗？第四，说到父母丧失劳动能力后的生活来源问题，自古及今任何一个社会都有对鳏寡孤独的生活照料，现代社会对孤寡老人的社会抚养更是日益周全，这一担心是不必要的。第五，人活在这个世界难道就是为了当"续香火"的生育机器吗？现代社会的观念是，人活着固然应该照顾家庭，为社会和他人做出奉献，但更应该成为自己，按自己的意愿生活。不结婚或选择丁克家庭是个人意愿的表现，别人包括父母不应该干预，更不应该强制其生育。

至于倒数第二段所说的君子"言思可道，行思可乐，德义可尊，作事可法，容止可观，进退可度"，对于君主和"临民"的君子，是十分必要的，否则他就无法在臣民中树立威望，更无法管理好自己的臣民。但对于不"临民"的君子和普通老百姓，恐怕就要另当别论了。你一个普通人说话、做事、走路、穿衣、进退都思虑再三、中规中矩，你还怎么活？当然，无论是谁都应该礼貌待人、尊重他人，在做事、说话时考虑到别人的感受，更不能盛气凌人或轻侮他人，这已经是做人的底线了，与上述"六德"关系不大。

《礼记·祭礼》言："君子反古复始，不忘其所由生也。是以致其敬，发其情，竭力从事，以报其亲，不敢弗尽也。"子女从内心深处尊敬和奉养父母是因为父母给了自己生命和一切。

本段所言，古人称之为孝子事亲的"五要"。其中首先强调的不是如何奉养，而是恭敬的态度，不应有不敬的心态和举动。《礼记·祭义》言："养可能也，敬为难。"《论语·为政》言："子游问孝。子曰：'今之孝者，是谓能养。至于犬马，皆能有养。不敬，何以别乎？'"

纪孝行章第十

子曰："孝子之事亲也，居则致其敬[1]，养则致其乐[2]，病则致其忧[3]，丧则致其哀[4]，祭则致其严[5]。五者备矣，然后能事亲[6]。

[**注释**]

[1] 居则致其敬：孝子在日常居家生活中，要以最大的敬意去侍奉父母。先秦以曾参为大孝子。汉陆贾《新语·慎微》："曾子孝于父母，昏定晨省，调寒温，适轻重，勉之于糜粥之间，行之于衽席之上，而德美重于后世。"居，平常家居。致，极尽，尽量。其，他（孝子）的。　[2] 养则致其乐：孝子要以最愉悦的心态和表情去奉养父母。《论语·为政》："子夏问孝。子曰：'色难。有事，弟子服其劳；有酒食，先生馔，曾是以为孝乎？'"可见在父母面前随时保持愉悦的心态和表情并不是很容易的，关键在于对父母要有发自内心深切的敬爱。《礼记·祭义》："孝子之有深爱

者必有和气，有和气者必有愉色，有愉色者必有婉容。"养，赡养，奉养，指在饮食、衣着、居住等方面对父母的照料。乐，高兴。　[3] 病则致其忧：意为在父母生病时要怀着忧伤焦虑之心去照料。《礼记·文王世子》中，将文王和武王视为这方面的榜样，言，当父亲王季生病时，文王"色忧，行不能正履。王季复膳，然后亦复初"，"文王有疾，武王不说（脱）冠带而养，文王一饭亦一饭，文王再饭亦再饭"。忧，忧虑，担心。　[4] 丧则致其哀：当父母去世时要极尽悲哀痛心。丧，逝世。此处指父母去世，办理殓殡奠馔和拜踊哭泣等丧事活动。哀，悲伤，痛心，追念父母养育之恩，而倍感伤心。　[5] 祭则致其严：在祭祀亡父亡母时，要极尽崇敬肃穆。祭，供奉神灵的活动或仪式。此处指在三年服丧期满之后供奉逝世的父母祖先。严，崇敬，庄重，肃穆。上一章有"以养父母日严"句，这里强调祭祀去世的父母仍要严，是因为古代有"事死如事生，事亡如事存"的要求。至于祭祀时如何体现孝子的严，《礼记·祭义》有言："孝子将祭祀，必有齐庄之心，以虑事，以具服物，以修宫室，以治百事。及祭之日，颜色必温，行必恐，如惧不及爱然。其奠之也，容貌必温，身必诎，如语焉而未之然。宿者皆出，其立卑静以正，如将弗见然。及祭之后，陶陶遂遂，如将复入然。是故慤善不违身，耳目不违心，思虑不违亲，结诸心，形诸色，而术省之，孝子之志也。"　[6] 能事亲：算作侍奉父母尽了孝道。能，当作，算作。

"事亲者，居上不骄[1]，为下不乱[2]，在丑不争[3]。居上而骄则亡，为下而乱则刑[4]，在丑而争则兵[5]。三者不除，虽日用三牲之养[6]，犹

本段所言"居上不骄，为下不乱，在丑不争"，古人称之为孝子事亲的"三戒"。

为不孝也^[7]。"

[**注释**]

[1]居上不骄：孝子即使身居国君之位，也不可骄傲自满，而要始终保持谦逊谨慎的态度。《群书治要》郑注言："虽尊为君，而不骄也。"居上，身居高位，主要指为诸侯国君。骄，骄傲自满。　[2]为下：指居于别人之下，如诸侯之于天子，卿大夫之于诸侯，士之于卿大夫，庶人之于士等。乱：反叛，作乱，犯上，僭越。　[3]在丑不争：当孝子面对众多人的时候，要特别注意与大家和睦相处而不要忿争。或面对贵人上峰时，要自知畏惧而不要争辩。《礼记·曲礼》："在丑夷不争。"《疏》云："丑，众也。夫贵贱相临，则存畏惮，朋侪等辈，喜争胜负，亡身及亲，故宜诚之以不争。谓在众不忿争也。"在丑，指个人面对众人。丑，古人解释为类，众。争，忿争。　[4]刑：刑罚，在此指被处以刑罚。　[5]兵：兵器，在此指用兵器相杀戮。　[6]日用三牲之养：言给父母每天吃食供给极为丰厚。日，每天。三牲，指猪、牛、羊俱全。古人宴会或祭祀时用三牲，称为太牢，是最高等级的供奉。　[7]犹为不孝：还是不孝顺。《群书治要》郑注云："夫爱亲者，不敢恶于人之亲，今反骄乱分争，虽日致三牲之养，岂得为孝子乎？"

[**点评**]

纪孝行，是记录孝行的具体内容，论述什么是孝道的行为。本章提出，孝子在侍奉双亲时有"五要""三戒"。"五要"为：一，在日常侍奉时要竭尽恭敬；二，在平常供养时要满怀喜悦；三，在父母生病时要焦虑忧愁；四，在办丧事时要极度哀痛；五，在祭祀时要庄严肃穆。"三戒"为：一，身处上位时要戒骄傲；二，身处下位时要戒作乱；三，身处贱位时要戒忿争。若非如此，就会造成自己的灭亡、受刑或杀戮，给父母带来担忧和耻辱。若如此，即使每天给父母吃得再好，也不能算是孝子。

在儒家经典中有多处孝子如何奉养父母的说教，本章"五要""三戒"则是从正反两方面的论说。其中的"养则致其乐"很重要、层次更高，意思是奉养父母必须要发自内心、和颜悦色地奉养，而不仅仅是尽供养之责，使他们吃饱穿暖而已。否则，父母岂不是连齐国不食嗟来之食的饿者都不如吗？当然，供养父母是最起码的要求。一般情况下，如果只有一个孩子，他应该全部负担起供养父母的责任；如果几个子女经济条件差不多，对父母可以轮流奉养或等份出钱出力奉养；如果经济条件有差异，有钱出钱有力出力，出钱的定期来看望、出力的更多地陪伴在父母身边也是可以的。最主要的是诸子女应该将奉养父母看成自己的责任和应尽的义务，高兴主动地承担更多的工作。问题是现实情况千差万别，有子女以事务繁忙从来不看望父母，有子女以各种理由不供养父母，有子女以为给父母吃穿是自己的施舍，更有虐待乃至遗弃父母的，对这些人，我们只能问他，你是从石头缝里蹦出来的吗？没有父母的生养，哪来你的今天？

"三戒"中，"为下不乱"似乎最好理解，其实最难说清楚。《礼记·表记》："子曰：事君可贵可贱，可富可贫，可生可杀，而不可使为乱。"意思是，臣下侍奉君上，可以使之尊贵，可以使之低贱，可以使之富裕，可以使之活，可以使之死，但不可使之为乱。郑注对这个"乱"

解释道："乱，谓违废事君之礼。"按说，"臣事君以忠"，就是要竭尽对君主的忠诚。可以帮助君主，使其更加尊贵，使其更加富裕，使其活得更好，这都是在理之事，却又怎么要使其更加低贱，使其更加贫困，甚至让其去死哩？是不是儒家提倡臣子对暴虐无道的君主也可以采取适当的惩治措施？特别是最后一个"使为乱"，是不是意为为臣不可纵容、帮助诸侯国君反叛天子呢？这些都只能靠各位读者自己去体会了。

五刑章第十一^[1]

子曰："五刑之属三千^[2]，而罪莫大于不孝^[3]。要君者无上^[4]，非圣人者无法^[5]，非孝者无亲^[6]。此大乱之道也^[7]。"

本章极言不孝罪之重，并且将要挟君主、非议圣人和否定他人之孝都定成大乱之道，要处以极刑。

[注释]

[1] 五刑：古代的五种刑法。据《尚书·大禹谟》说，五刑之设始于帝舜。历代对五种刑法的说法不尽相同。《尚书·吕刑》载，周代的五刑指墨、劓（yì）、剕（fèi）、宫、大辟之刑。墨刑，又称黥（qíng）刑，是在脸上刺字涂矾，使字变黑，且永远无法去除的刑法。劓刑，是割掉鼻子的刑法。剕刑，又称刖（yuè）刑，是斩断足脚的刑法。宫刑，对男子是割去外阴睾丸，对女子是用重击使其子宫脱垂（或说是将其幽闭宫中，禁止与异性交往），而破坏其人生殖机能的刑法。大辟刑是斩首。 [2] 五刑之属三千：处以五刑的罪行共有三千条。据《尚书·吕刑》，处以

墨刑的罪行有一千条，处以劓刑的罪行有一千条，处以剕刑的罪行有五百条，处以宫刑的罪行有三百条，处以大辟之刑的罪行有二百条。处以五刑的罪行合计为三千条。《经典释文》郑注言："穿窬（yú）盗窃者劓，劫贼伤人者墨，男女不以礼交者宫割，坏人垣墙开人关钥者膑，手杀人者大辟。"属，类别。　　[3]罪莫大于不孝：所有应处以五刑的三千条罪行中没有比不孝更重的罪行了。即不孝为罪恶之极，不在三千罪行之中。　　[4]要（yāo）：强求，要挟，胁迫，有所依仗而强硬要求。者：指代人。无上：藐视君上，即目无君长，反对、侵凌和要挟君长。　　[5]非圣人：就是诽谤尧、舜、禹、汤、周文、周武、周公等圣人的言行。非，责难，诽谤，诋毁。无法：藐视法纪，心目中没有法律规制。　　[6]非孝：诽谤他人的孝行。无亲：没有亲近和爱戴父母的心。"非孝者无亲"之"无亲"，郑注释为不可亲。《群书治要》郑注言："己不自孝，又非他人为孝，不可亲。"而邢疏释为："孝为百行之本，敢有非毁之者，是无亲爱之心。"意为，既然诽谤他人的孝行，他自己就不可能有亲近爱戴父母之心。似以后者为是。　　[7]大乱：最严重的祸患悖乱。道：根源，意为导致大乱。

[点评]

上一章论述什么是孝顺的行为，这一章则接着论述什么是不孝的行为。指出最大的罪行是不孝。大不孝有三，一是胁迫君主，二是诽谤圣人，三是非议别人的孝行。这三不孝，是天下一切祸乱的根源。本来，孝与不孝是指在家庭中具体对待自己父母的行为，有所谓五不孝。《孟子·离娄下》："孟子曰，世俗所谓不孝者五：惰其四肢，不顾父母之养，一不孝也；博弈好饮酒，不顾父母之养，二不孝也；好货财，私妻子，不顾父母之养，三不孝也；从（纵）耳目之欲，以为父母戮，四不孝也；好勇斗很（狠），以危父母，五不孝也。"这里却将不孝推广至社会的主要方面，包括对待国君、对待圣人言论和对待他人孝行的看法，从而突出了孝道在维护社会秩序和国家安定中的作用，有其积极的一面。但是，所谓要君无上、非圣无法，就是无论国君如何都不许人们对其有所不满乃至反抗，无论圣人的言论如何不合理都不许人们议论，这就禁锢了人们的思想和行动，成为精神枷锁。

本章将要挟君主和非议圣人也定成与不孝同等的重罪，说到底是为了维护古代社会的统治秩序。对一般臣民来说，在家中父为子之天，在国中君为臣之天，臣子要以事父之孝来事君以忠，服从君主的意旨，按照君主的要求去处理具体事务。倘若臣子不服从君主的指挥，甚至要挟君主，犯上为逆，如此，国君的统治如何维持？这不是大乱之道又是什么？至于"非圣人"，就是对尧、舜、禹、汤、周文王、周武王、周公等所谓圣人的言行进行批评，更是不能允许的，因为古代国家的各项礼乐制度和观念理论都是他们制定的，提出不同意见，就是对制度法令的否定，威胁到天下的安定和国家的统治，当然是不能允许的了。

古代对不孝甚至杀其亲者处罚比所谓五刑要重得多。睡虎地秦墓竹简《法律答问》规定："免老告人以为不孝，谒杀，当三环之不？不当环，亟执勿失。"意思是对不孝的子弟，不必经过三次原宥的手续，就直接判以死刑。《周礼·秋官司寇·掌戮职》言："凡杀其亲者，焚之。"就是焚烧而死。《礼记·檀弓下》鲁定公言："臣弑君，凡在官者，杀无赦。子弑父，凡在宫者，杀无赦。杀其人，坏其室，洿其宫而猪（潴）焉。"意思是无论弑君弑父者都必须处死，而不能赦免。处死此人后，要摧毁他的房屋，将房基挖成坑，里边装满水。《公羊传》文公十三年，何休解诂："死刑有轻重也。无尊上，非圣人，不孝者，斩首枭之。"就是斩首后将其首级吊挂在杆头上示众。

广要道章第十二[1]

子曰："教民亲爱[2]，莫善于孝。教民礼顺[3]，莫善于悌。移风易俗[4]，莫善于乐。安上治民[5]，莫善于礼。

[**注释**]

[1] 广：推广，阐发。要道：最为重要的道德，以一统万的当然之理，指孝道。 [2] "教民亲爱"二句：天子要想教化人民，使他们相亲相爱，最好的办法是天子自己行孝道。教，教育，教化。亲爱，亲善仁爱。 [3] "教民礼顺"二句：《荀子·礼论》："故礼者，养也。君子既得其养，又好其别。曷谓别？曰，贵贱有等，长幼有差，贫富轻重，皆有称者也。"礼顺，即遵循顺从贵贱尊卑上下长幼的等级秩序和制度规范。悌，弟弟对兄长的敬爱顺从。 [4] "移风易俗"二句：儒家认为，音乐生于人情人性，通于伦理政治，故而特别重视音乐对陶冶人心、净化社会风气和

在孔子看来，教化臣下和民众的最好方法，莫过于国君自己做出榜样。《论语·颜渊》载："季康子问政于孔子曰：'如杀无道，以就有道，何如？'孔子对曰：'子为政，焉用杀？子欲善而民善矣。君子之德风，小人之德草。草上之风，必偃。'"所以在本章中讲，教民亲爱，莫善于孝，国君能行孝道，亲爱自己的父母，民众就会仿效和学习他，亲爱各自的父母，进而亲爱别人和国君。人们都相亲相爱，社会就会安定和平了。

维持社会等级秩序的作用。移风易俗，指改变社会上的不良风气和恶劣习俗，而推行合乎礼教的风气和习俗。移，改变。风，风气。易，更换。俗，习俗。乐，音乐。　[5]安上：使天子安心，而不烦恼。民众不反叛，社会太平，天子就能安心。安，使安定，使安心。上，天子。治民，使民众得到治理。

　　"礼者[1]，敬而已也。故敬其父则子悦[2]，敬其兄则弟悦，敬其君则臣悦[3]。敬一人而千万人悦[4]，所敬者寡[5]，而悦者众。此之谓要道也[6]。"

[注释]

[1]"礼者"二句：礼的含义，说到底，就是一个敬字。《孟子·告子上》："恭敬之心，礼也。"《群书治要》郑注："敬，礼之本，有何加焉。"　[2]故敬其父则子悦：如果天子敬重自己的父亲，儿子们就会感到高兴。本句及此下三句的主语皆为天子。悦，高兴。　[3]敬其君则臣悦：天子敬重诸侯国的君主，该国的臣民就会感到高兴。一直到秦统一之前，中华各地有许多诸侯国。　[4]敬一人而千万人悦：此句为对上三句的总结。唐玄宗注言："居上敬下，尽得欢心，故曰悦也。"一人，指上文所言之父、兄、君。千万人，言人数之多，非实数。此处指无数的为人子者、为人弟者、为人臣者。　[5]"所敬者寡"二句：《群书治要》郑注言："所敬一人，是其少；千万人悦，是其众。"即对天子来说，他所要礼敬的人很少，而对此举感到高兴的人却非常多。寡，少。　[6]此之谓要道也：这就是我所说的孝道为天下最根本最重

要的道德呀。《群书治要》郑注："孝悌以教之，礼乐以化之，此谓要道也。"此句既为本章的总结，也是对第一章中"先王有至德要道"的呼应和进一步阐释。

[点评]

第一章中孔子开宗明义提出："先王有至德要道"。本章即为对此语的进一步阐发，论述为什么称孝道为天下最重要最根本的道德。

这一章基本是站在天子的立场，论述孝道是实现治国安君的最好方法。首先论说，实现要道必须注重四点，一是以行孝道教民亲爱，二是以行悌道教民礼顺，三是以音乐移风易俗，四是以礼仪治理民众、安定君心。这四条中，最重要的是礼，而礼，说到底是一个敬字。由此将礼与孝联系了起来，同时引起下文所言敬人之父、兄、君，就会使千万为人子者、为人弟者、为人臣者高兴，从而达到天下太平的目标。

如果加以某些限定的话，可以说，孝、悌是从人伦出发总结出的治家之道，而乐、礼则是从人性出发总结出的治天下和国家之道。乐是什么，就是音乐、乐曲，音乐产生于原始社会先民劳作之余的精神放松、感情展露和相互愉悦。进入文明社会以后，有民间音乐，有士大夫音乐，有庙堂音乐。"诗言志，歌咏言"，周人重视音乐陶冶情操的德治作用，从周公制礼作乐开始，大力搜集各种音乐尤其是民间音乐及其歌词，分为风、雅、颂予以整理，作为引导官民崇尚先祖、循规蹈矩、孝顺双亲的有力工具，从而达到移风易俗、净化社会风气和维持社会等级秩序的目标。《礼记·乐记》言："先王之制礼乐也，非以极口腹耳目之欲也，将以教民平好恶，而反人道之正也。"又说："乐也者，圣人之所乐也。而可以善民心，其感人深，其移风易俗，故先王著其教焉。"都是讲这个意思。

至于礼，实际上是先民在长期实践中总结出来的社会政治、行为道德规范的总称。"礼"本指敬神的制度和仪式，经过周公整理，就演变成为一整套严格的政治制度和仪式体系。《左传》载："礼，经国家，定社稷，序民人，利后嗣者也。"又说："礼之可以为国也久矣，与天地并。君令臣共，父慈子孝，兄爱弟敬，夫和妻柔，姑慈妇听，礼也。"礼在表现形式上，有朝觐、聘问、丧祭、乡饮酒、婚姻等礼，而每一项礼都以规范人与人之间的关系为目的。如"朝觐之礼，所以明君臣之义也。聘问之礼，所以使诸侯相尊敬也。丧葬之礼，所以明臣子之恩也。乡饮酒之礼，所以明长幼之序也。昏姻之礼，所以明男女之别也。"（《礼记·经解》）由人与人之间的礼上推为整个国家成员间上下等级之礼，由此达到国家统治稳定的目的。如果这些礼被废弃，国家、社会就会陷入混乱。而自商鞅以来的改革者无不以不循旧礼为号召，试图以新"礼"代替旧"礼"。儒家特别重视礼制的作用，《群书治要》郑注言："上好礼，则民易使。"唐玄宗注言："礼所以正君臣父子之别，明男女长幼之序，故可以安上化下。"《白虎通义·礼乐》言："王者所以盛礼乐何？节文之喜怒。乐以象天，礼以法地。人无不含天地之气，有五常之性者。故乐所以荡涤，反其邪恶也。

礼所以防淫佚，节其侈靡也。故《孝经》曰：'安上治民，莫善于礼。移风易俗，莫善于乐。'"

孝、悌、乐、礼的施行，无不必须由天子、国君开始，自己做出表率，成为榜样，臣民才会照样去做。实际上，历史上完全遵循《孝经》规定来做的天子国君即使有，也是里外不一的。因为国君相当多的特权也在礼的规定之中，而其中有许多是与礼、乐、孝、悌的真实要求相矛盾的。从这些，我们就可以看出儒家孝悌思想的理想化实质。

138

广至德章第十三[1]

子曰："君子之教以孝也[2]，非家至而日见之也[3]。教以孝[4]，所以敬天下之为人父者也。教以悌，所以敬天下之为人兄者也。教以臣[5]，所以敬天下之为人君者也。

[注释]

[1]广至德：进一步阐发至高无上的道德。 [2]君子：由下文看，此处君子指天子。教以孝：指用孝道去教化臣民。 [3]非：不是。家至：到家，即天子一家一户都亲自拜访。日见之：每天都见他，即天子每天都当面指教为人子者如何行孝。 [4]"教以孝"二句：教育天下人尊敬为人父者的方法，除了前章所说，天子要尊敬自己的父母以作出表率外，另一种方法就是敬老。所以，表示目的。 [5]教以臣：指天子以如何作臣的道理教化臣下，其具体方法是在祭天和祭宗庙时自己以天之子、列祖列宗之子孙作

出为臣的榜样。臣，此处指作为臣下的品德和行为要求，即忠诚与敬畏。

　　"《诗》云[1]：'恺悌君子[2]，民之父母[3]'，非至德，其孰能顺民如此其大者乎[4]？"

［注释］

[1]《诗》：下引诗句见《诗经·大雅·泂（jiǒng）酌》。据说，此诗是西周时召康公为了戒勉周康王所作。　[2]恺悌：和善安详、平易近人的样子。　[3]民之父母：恺悌君子使万民有父之尊，有母之亲。　[4]其：反诘副词，约当"难道""岂"。孰：谁。顺民：适合民心，顺应民意，指顺应万民都有的孝敬父母的本心。

［点评］

　　上一章论要道，这一章论至德，仍是呼应第一章"先王有至德要道"的话语，并深入阐发为什么说孝道是天下最为高尚的道德。

　　文中认为，天子以孝道教化人民，并不需要每天亲自到民众中间去宣传教育，而是要在孝、悌和臣三方面做出榜样，从而教育天下人都去崇敬父母、顺敬兄长、敬事君上。这样，天下的父母都会受到子女的敬爱，这就是天子有至德的最好体现和最大作用。由于弟弟尊敬兄长的悌道和臣下忠敬君主的臣道，都是孝道的推广，所以说，这一章论述的其实还是天子如何利用孝道去影响全社会，治理天下。

　　对引诗中"民之父母"，历来学者理解不一。《群书治要》郑注言："以上三者教于民，真民之父母。"唐玄宗注："取君以乐易之道化人，则为天下苍生之父母也。"二者皆以恺悌君子即天子为万民的父母。而《礼记·表记》载："子言之，君子之所谓仁者，其难乎！《诗》云：'凯弟君子，民之父母。'凯以强教之，弟以说（悦）安之，乐而毋荒，有礼而亲，威庄而安，孝慈而敬，使民有父之尊，有母之亲。如此而后可以为民父母矣。非至德，其孰能如此乎！"则是认为恺悌君子使万民有父之尊，有母之亲。从上文看，恐以后者为是。

对"敬天下之为人父者"句，天子由敬人之父延伸至礼敬天下老人。三代天子有专门的敬老之礼。《礼记·王制》言："凡养老，有虞氏以燕礼，夏后氏以飨礼，殷人以食礼，周人修而兼用之。五十养于乡，六十养于国，七十养于学，达于诸侯。"《白虎通义·乡射》言："王者父事三老，兄事五更者何？欲陈孝弟之德，以示天下也。故虽天子必有尊也，言有父也；必有先也，言有兄也。天子临辟雍，亲袒割牲，尊三老，父象也。竭者奉几杖，授安车软轮，恭绥执授，兄事五更，宠接礼交，加客谦敬，顺貌也。《礼记·祭义》曰：'祀于明堂，所以教诸侯之孝也。享三老五更于太学，所以教诸侯之弟也。'"所谓三老五更，《礼记·乐记》注言："三老五更，互言之耳，皆老人更知三德五事者也。"天子礼敬和优待老人，且给予特权的礼仪古代始终盛行。汉王二年（前205）春正月，刘邦就规定"举民年五十以上，有修行，能帅众为善，置以为三老，乡一人。择乡三老一人为县三老，与县令丞尉以事相教，复勿徭戍。以十月赐酒肉"。对"有修行、能帅众为善"的部分老人授以一定职位（汉代三老为乡一级掌教化的吏），同时给予优待。文帝前元元年（前179）规定："年八十已上，赐米人月一石，肉二十斤，酒五斗。其九十已上，又赐帛人二匹，絮三斤。赐物及当禀鬻米者，长吏阅视，丞若尉致。不满九十，啬夫、令史致。二千石遣都吏循行，不称者督之。刑者及有罪耐以上，不用此令。"东汉从光武帝开始，一再给老人赐粥赠帛，而且将"仲秋养衰老，授几杖，行糜粥"作为定例。安帝元初五年（118）秋，朝廷派人到各地检查优老政策的执行情况，发现"郡县多不奉行，虽有糜粥，糠秕相半。长吏怠事，莫有躬亲，甚违诏书养老之意"。1989 年，甘肃武威凉州区柏树乡旱滩坡汉墓中出土了置于男棺上面的木鸠杖一件，是汉代皇帝向老年人授给鸠杖的实物。墓中还出土了十枚木简，有墓主人幼伯东汉明帝永平十五年（72）受王杖的记事，以及西汉宣帝、成帝关于高年授王杖的两份诏书，殴击受杖老人的司法判例。诏书规定："比于节。有敢妄骂詈、殴之者，比（大）逆不道。得出入官府、郎第，行驰道旁道，市买，复毋所与。""制诏御史曰：年七十受王杖者，比六百石，入官廷不趋，犯罪耐以上，毋二尺告劾。有敢征召、侵辱者，比大逆不道。建始二年九月甲辰下。"可以看出汉令对老人的特别照顾，七十岁以上可享受六百石官吏所享有的特权，侮辱老人要受到处罚。一直到清朝，朝廷仍然有很多礼敬老人的活动和规定，乾隆皇帝下诏称："帝王之治天下，发政施仁，未尝不以养老尊贤为首务。"他亲自召见并宴请六十五岁以上数千名老人，赐物、问存、举办千叟宴，宣布"尔等皆是老者，比回乡井，当各晓谕邻里，须先孝弟，倘天下皆知孝弟，此诚移风易俗之本也"。乾隆帝确实精通传统文化，正是他的一系列措施，在推动中国传统文化走向古代社会顶峰的同时，创造了古代社会的最后一个盛世。

广扬名章第十四

古人将事亲孝、事兄悌、居家理称为内行"三德"。

子曰："君子之事亲孝[1]，故忠可移于君；事兄悌[2]，故顺可移于长；居家理[3]，故治可移于官。是以行成于内[4]，而名立于后世矣[5]！"

[注释]

[1] "君子之事亲孝"二句：《群书治要》郑注："欲求忠臣，出孝子之门，故可移于君。"忠，忠诚，积极为人，这是古代对人臣最重要的道德规范。移，转移，此处指道德对象的转移。 [2] "事兄悌"二句：意为孝子在家以崇敬之心处理与其兄长的关系，到了社会上自然会将这种感情转移于其他的年长者，而对其和顺服从。《论语·为政》引佚《书》曰："孝乎惟孝，友于兄弟，施于有政。"顺，依循，顺从。明吕维祺《孝经翼》言："按，经中每言顺，一曰以顺天下，再曰以顺天下，又曰四国顺之，顺民如此其大。何也？顺者，孝之归也。孝亲者，聚百顺。故孝

治天下者，亦顺而已矣。顺则和，和则无怨，是以欢心众，而亲安之。"长，年长者。古人将悌视为孝行的内容之一。　[3]"居家理"二句：能将家庭治理好的人，担任官职就能处理好上下级关系及各种繁杂政务和社会矛盾，成为一个好官，使地方得到治理。居家理，指处理家事有条有理，家庭事务尤其是家庭中各个成员的关系处理得和顺。理，规正，治理。　[4]是以行成于内：君子在家庭中以孝悌治家获得成功。行，行为，指事亲孝、事兄悌和居家理的活动。成，成效，成功。内，指家庭之内。　[5]名立于后世：留美名于后世，功垂史册。名，名誉，美好的名声。立，建立，树立。

[**点评**]

在第一章中，已经有"立身行道，扬名于后世"的话语。此章则是进一步阐扬和发挥其义理，论述孝道与扬名后世的关系。表面看，宣扬孝子孝顺就能扬名后世，倒过来说，是以扬名后世作为诱导人们行孝和修身的手段。

在孔子看来，要想扬名后世，必须在家庭中养成好的品德，治理好家事。而要实现这三者，一要事亲孝，二要事兄悌，三要居家理。因为，事亲孝就事君忠，事兄悌就事长顺，居家理就居官治。而事君忠、事长顺、居官治，又必然能在社会上取得威望，在事业上获得成功。说到底，一个人的名声，根源于他自身的道德修养，而道德修养的核心是孝道。这就将孝道与扬名千古紧密地联系到一起了。古代许多志士仁人为国为民抛头颅洒热血而留取丹心照汗青，从一定意义上说，就是千百年间，忠孝思想宣传的影响。

古人将孝悌与忠君，视为联系密切、互为因果的道德规范。《吕氏春秋·孝行览》言："人臣孝，则事君忠。"《礼记·祭统》言："忠臣以事其君，孝子以事其亲，其本一也。"《礼记·祭义》载："曾子曰：身也者，父母之遗体也。行父母之遗体，敢不敬乎！居处不庄，非孝也。事君不忠，非孝也。莅官不敬，非孝也。朋友不信，非孝也。战陈（阵）无勇，非孝也。五者不遂，灾及于亲，敢不敬乎！"什么是忠？《韩诗外传》言："忠之道有三，有大忠，有次忠，有下忠。以道覆君而化之，大忠也。以德调君而辅之，次忠也。以是谏非而怨之，下忠也。"大忠是以大道来影响和化导君主，次忠是以德行调理和辅佐君主，下忠是以劝谏去纠正君主，因而导致怨恨。前两者是为臣通过长期的道德感化和教育使君主英明圣洁、行为得当、不犯错误，是高明的忠。最后是在实在没有办法的情况下强项劝谏，坚决制止和纠正其不当行事，当然是一种下策，是下等的忠。其实，臣子对君主的影响一般都是有限的，只有许多正直忠恳的臣子一齐长期引导君主，才可能获得成功。因而，我们从历史上更多看到的是以死直谏，劝止君主的。这就有成功、不成功的两种可能。还是孔子说得好："君使臣以礼，臣事君以忠。"君臣关系是相辅相成的，首先是君主要待臣以礼，然后才是臣事君以忠。愚忠和愚孝都不是儒家所提倡的。

书中提倡孝亲和忠君，其最终目的是"名立于后世"。在这里使我想起了《礼记·大学》的话："古之欲明明德于天下者，先治其国；欲治其国者，先齐其家；欲齐其家者，先修其身。"这就是儒家修身、齐家、治国、平天下的人生目标。《孟子·离娄上》言："孟子曰：人有恒言，皆曰天下国家。天下之本在国，国之本在家，家之本在身。"由于家庭是社会的一个细胞，而个人都是在一定的家庭中生活的，故而将治理家庭与和悦家人，看作是一般人管理能力的一种表现。能将家庭治理好的人，担任官职就能胜任，能治好国者就能明明德于天下，即使天下和平安定。而这一切的最终追求，亦即人生意义，其实是为了垂名青史。《论语·卫灵公》："子曰：君子疾没世而名不称焉。"而要想留美名后世，最根本的是其自身的道德修养，有了很好的道德修养，生前就会有一定的名誉、地位和财富，死后就可以流芳百世。所以，从一定意义上说，死后留名，是其生前立功立德的必然结果。《礼记·中庸》载："子曰：舜其大孝也与！德为圣人，尊为天子，富有四海之内，宗庙飨之，子孙保之。故大德必得其位，必得其禄，必得其名，必得其寿。"

谏诤章第十五[1]

通常，慈爱指上对下之爱，但也可指下对上之爱。此处即指子女对父母之爱。阮福《孝经义疏补》言："子孝亲，亦曰慈。慈爱即孝爱也。故《曾子·大孝篇》曰'慈爱忘劳'，即曾子传《孝经》之意。王氏引之《经义述闻》，历引《孟子》'孝子慈孙'，《齐语》'慈孝于父母'，《谥法解》'慈惠爱亲曰孝'以证之，是也。"

曾子曰："若夫慈爱、恭敬、安亲、扬名[2]，则闻命矣[3]。敢问子从父之令[4]，可谓孝乎？"

[**注释**]

[1] 谏诤：通过直言规劝去制止他人的过失，一般指居下位者对居上位者的规劝。汉刘向《说苑·臣术》："有能尽言于君，用则留之，不用则去之，谓之谏；用则可生，不用则死，谓之诤。" [2] 若夫：句首语气词，用以引起下文，可译为"像那些"。慈爱：亲爱，此处指子女对父母之孝爱。 [3] 闻命：听过（先生的）教诲。曾参为孔子弟子，此处表示听过老师的讲解。闻，听到。命，命令，指教。 [4] 子从父之令：儿子无条件服从父亲的命令、意见。曾参的这一句问话，是想引出孔子对谏诤的论述才设计的。从，听从，服从。

　　子曰："是何言与[1]？是何言与？昔者，天子有争臣七人[2]，虽无道[3]，不失其天下。诸侯有争臣五人[4]，虽无道，不失其国[5]。大夫有争臣三人[6]，虽无道，不失其家[7]。士有争友[8]，则身不离于令名。父有争子[9]，则身不陷于不义。故当不义[10]，则子不可以不争于父，臣不可以不争于君。故当不义则争之。从父之令[11]，又焉得为孝乎？"

[注释]

[1]"是何言与"二句：这是什么话？这是什么话？重复一句"是何言与"，更加强了否定的意思。唐玄宗注："有非而从，成父不义，理所不可，故再言之。"是，指示代词，指"子从父之令可谓孝"这种说法。何言与，什么话。表示否定的答语。　[2]天子有争臣七人：《礼记·文王世子》："虞夏商周，有师保，有疑丞，设四辅及三公，不必备，惟其人。"疏引《尚书大传》言："古者天子必有四邻，前曰疑，后曰丞，左曰辅，右曰弼。天子有问无以对，责之疑；可志而不志，责之丞；可正而不正，责之辅；可扬而不扬，责之弼。其爵视卿，其禄视次国之君。"《群书治要》郑注："七人者，谓大师、大保、大傅、左辅、右弼、前疑、后丞，维持王者，使不危殆。"则天子的辅政大臣为三公四辅，合为七人，他们都有匡正天子，辅成政治，使王朝不至危亡的责任。争臣，敢于直言规劝君主的臣子。争，同"诤"。　[3]"虽无道"二句：由于有七位诤臣在天子左右，不断地进行谏诤匡正，即使在位天

关于天子、诸侯和大夫左右的诤臣人数及其职责，似皆不必坐实。邢疏引隋刘炫言："案下文云，子不可以不争于父，臣不可以不争于君，则为子为臣，皆当谏争，岂独大臣当争，小臣不争乎？岂独长子当争其父，众子不争者乎？若父有十子，皆得谏争。王之百辟，唯许七人，是天子之佐，乃少于匹夫也？"

子无道，也不会过分恶劣，因而王朝的政权也不至于丧失。虽，虽然，即使。无道，暴虐，不遵行圣贤之教，不合乎传统道德规范，没有德政。失，丧失。天下，天子为普天下人民的统治主，故以天下称其政权。　[4]诸侯有争臣五人：诸侯之诤臣五人，说法不一。疏言："诸侯五者，孔传指天子所命之孤及三卿与上大夫。王肃指三卿、内史、外史，以充五人之数。"孤指孤卿，为天子派去辅佐诸侯的师、傅一类的官员。三卿，指诸侯国分管民事、军事和工事的司徒、司马、司空。内史，又称左史，周王朝中的高级文职官员，负责记录天子言论，管理王朝著作简策、策命诸侯以及爵禄的废置等。外史，负责管理古代和各诸侯国的史书。史官都有以史事劝谏天子之职。春秋以后，诸侯国都设有内史和外史。　[5]不失其国：不会被剥夺封地。国，指天子分封给诸侯的国土。　[6]大夫有争臣三人：据疏言，孔传称大夫之三位诤臣为家相、宗老、侧室。王肃所言无侧室，有邑宰。先秦的大夫亦设有家臣，家相为辅助大夫对家族进行管理的家臣，宗老为家族中管理宗族事务的家臣，侧室，即庶子，为非正妻所生之子。邑宰，为大夫所居之邑的行政长官。　[7]不失其家：就是不会丧失对祖宗的祭祀，即大夫管理家族的地位和家族在国家的地位。家，家族。周代实行基于血缘关系的层层分封的制度，大夫为大家族的族长，故以其所统治范围称为家。　[8]"士有争友"二句：《群书治要》郑注言："士卑无臣，故以贤友助己。"争友，能直言规劝自己的朋友。朋友有好有坏。《论语·季氏》载："孔子曰，益者三友，损者三友。友直，友谅，友多闻，益也。友便辟，友善柔，友便佞，损矣。"有益的朋友，指正直的、信实的、见闻广博的三种人。这就是所谓的诤友。不离，即不失，不会丧失。令名，好的名声、名誉。司马光言："益者三友，言受忠告，则其身不离远于善名矣。"对朋友进行规劝，也有一定的方法。《论语·颜渊》载："子贡问友。子曰：忠告而善道之，不可则止，毋自辱焉。"
意思是衷心地劝告他，耐心地开导他，如果他不听从，也就罢了，
不要自找侮辱。　　[9]"父有争子"二句：唐玄宗注："父失则谏，
故免陷于不义。"什么是儿子应该向父母进谏的？荀子认为凡不
义者皆必谏，具体讲，一是将使亲人陷于危险的不义，二是将使
亲人陷于侮辱的不义，三是将使亲人陷于非人行为的不义。陷，
没，掉进去。　　[10]"故当不义"以下三句：疏引郑注云："君父
有不义，臣子不谏诤，则亡国破家之道也。"谏诤的目的是使国
不亡、家不破，故而是必须的。当，面对，对着。争于父，向父
亲进行规谏。　　[11]"从父之令"二句：作为儿子，不管父亲做
的事是好是坏，一律顺从，即使心里有不满之处，也委曲求全，
实际上是将父亲推入了不义的陷阱之中，这种儿子，不能称做孝
子，而是不孝子。《群书治要》郑注言："委曲从父命，善亦从善，
恶亦从恶，而心有隐，岂得为孝乎！"焉，怎么，哪里。

[点评]

　　这一章还是论述孝道的内容。不同的是，以前各章
多论说的是孝顺，而这一章论说的是孝逆，就是孝子要
对君上、父母和长者的不义行为进行劝谏，而不是无条
件地顺从。本章先以曾参的提问来引出话题，即本章的
中心内容，子女完全顺从父亲的意见，是不是孝。孔子
的答语，连用了两句"是何言与"对其进行了彻底的否
定。孔子列举了古代天子、诸侯、大夫、士等各阶层的人，
只要有人向他谏诤，就可能不出大事，而能保住其天下、
其国、其家，说明谏诤在任何时候对任何人都是必要的，
都可能有效果的。儿子对父亲的行为也是如此。父亲的

意见命令，有符合道义的，有不符合道义的，对其不符合道义的行为，必须坚持进行劝谏，这才是孝子应有的行为。因为，如果儿子对父亲的不义行为不谏诤、不制止，父亲就会因不义而受到危险、遭到侮辱。出现这样的后果，当然是孝子所不愿意看到的。所以，儿子对父亲的不义行为进行谏诤，是保证父亲好名声和家族不败坏所必须的，是孝道的内容之一。

在本章中，孔子明确否定了"子从父之令"的说法。可是在《论语》中孔子却有子为父隐之说，言："叶公语孔子曰：'吾党有直躬者，其父攘羊，而子证之。'孔子曰：'吾党之直者异于是，父为子隐，子为父隐，直在其中矣。'"《礼记·檀弓上》载孔子语："事亲有隐而无犯。"孔子的意思很明显，父亲有过错，受查处时，儿子要替父亲隐瞒，以免父亲受到羞辱甚至刑罚。大概在孔子看来，当父亲有做错事的迹象或有过错，儿子应向父亲进谏，以予劝止。而已经酿成大错后，面临调查时，儿子只能替父亲掩盖了，否则父亲会受到侮辱惩罚的。这种从人性和亲情出发的"父子相隐"习俗，自秦以后被容隐的法律制度固定下来，以便维护基本的人伦关系和社会安定。容隐法赋于被告人近亲拒绝作证的权利，就是直系亲属在是否愿意为被告的亲人作证一事上，有权选择不当证人、有权保持沉默。容隐法在世界各大法系皆存在，2013年《中华人民共和国刑事诉讼法修正案》第一百八十八条规定："经人民法院通知，证人没有正当理由不出庭作证的，人民法院可以强制其到庭，但是被告人的配偶、父母、子女除外。"就是对传统容隐法的继承。

　　儒家经典中多次讲到儿子规劝父母的方法，既要反复劝谏，又要不失爱戴和顺从。《论语·里仁》："事父母几谏，见志不从，又敬不违，劳而不怨。"几，是轻微、婉转之意。《礼记·内则》言："父母有过，下气怡色，柔声以谏。谏若不入，起敬起孝，说则复谏。不说，与其得罪于乡党州闾，宁孰谏！"《荀子·子道》中言："入孝出弟，人之小行也。上顺下笃，人之中行也。从道不从君，从义不从父，人之大行也。若夫志以礼安，言以类使，则儒道毕矣，虽舜不能加毫末于是矣。孝子所以不从命有三：从命则亲危，不从命则亲安，孝子不从命，乃衷；从命则亲辱，不从命则亲荣，孝子不从命，乃义；从命则禽兽，不从命则修饰，孝子不从命，乃敬。故可以从而不从，是不子也。未可以从而从，是不衷也。明于从不从之义，而能致恭敬、忠信、端悫以慎行之，则可谓大孝矣。"

　　臣子如何向天子进行谏诤？在古人看来，大概有几个层次，一是平时，《白虎通义·谏诤》载："孔子曰：谏有五。吾从讽之谏，事君进思尽忠，退思补过，去而不讪，谏而不露。"另一种是不得已时，不惜以自己的一死去劝谏君主改过。《礼记·文王世子》言："为人臣者，杀其身，有益于君，则为之。"这就是所谓"杀身成仁"。还有第三种方法，就是《礼记·曲礼下》言："为人臣之礼，不显谏，三谏而不听，则逃之。"意为对国君，在反复劝谏还不被接受时就可以逃离该君。在春秋战国时代，天子只有姬周一个，无可逃遁，但诸侯有数十上百，因诸事逃离本国的贤人颇多，伍员、吴起、商鞅、魏冉、张仪皆系其例，连孔子也带了学生周游列国，企图寻找能实现自己治世理想的国度。秦汉以后，天下定于一尊，谁要逃离本国，投奔他国，就被视为背叛国家。例如，西汉李陵以五千兵奋战匈奴三万大军，矢尽援绝，不得不诈降后，汉武帝竟族灭其全家。后来，汉又遣人邀李陵回汉，李言"丈夫不能再辱"，而终老于匈奴。由此看来，睿智孔子的意见，在历史环境变化了以后，也不一定是适用的。

这一章的内容，体现了早期儒家思想中的民主因素，是本书中最为闪光的部分。但后来的儒家歪曲和阉割了这一民主思想精华，而代之以所谓"君为臣纲，父为子纲，夫为妻纲"的教条，这成为古代社会束缚人们思想和行为的无形绳索。三纲的思想，最早是董仲舒在其《春秋繁露·基义》中提出的。《白虎通义·三纲六纪》中解释道："三纲者何谓也？谓君臣、父子、夫妇也。故君为臣纲，父为子纲，夫为妻纲。"所谓君为臣纲，就是臣僚要无条件服从君主；父为子纲，就是儿子要绝对服从父亲。有一位哲人说过，我播下的是龙种，收获的是跳蚤。儒家思想的演变，不也说明了这一点吗？

感应章第十六[1]

子曰："昔者明王事父孝，故事天明[2]；事母孝，故事地察[3]；长幼顺[4]，故上下治[5]。天地明察[6]，神明彰矣。

[注释]

[1]感应：指神灵与人之间的相互影响、交相呼应。 [2]故：故而，因此。事天明：指圣明的帝王在郊祀上天时，因能明其心迹，对上天毫无隐瞒，从而能使上天明了他对父祖的孝敬之心和对上天的虔诚之心，受其感动而降福，使风调雨顺，寒暑适宜。因其有孝敬父亲的诚心，必然能将此转移为竭诚敬奉上天的尊崇之心。明，明察，了解得非常清楚。此处有上对下、下对上都明察的意思。 [3]事地察：大地是孕育生长万物的载体，给人提供生存的基本物质条件，故天子要祭祀地神，以祈求万物生长茂盛。同时要明察天下地形高下和土质不同，以恰当地指导农事。事地，

古人讲天人感应，实际上是相信大自然这一看不见的神灵对人世间诸事的监督。本章讲天人感应，就是要天子和各级人等都孝顺讲道义，才能使上下和谐，风雨适时，民众安足，社会治理。

指祭祀地神。晋杨泉《物理论》："地者，底也，底之言著也，阴体下著也。其神曰祇，祇，成也，育生万物备成也。"又言："大而名之曰黄地祇，小而名之曰神州，亦名后土。"则古人称地神为地祇或后土。祭祀地神在社。察，为上句"明"字的换文，含义相同。　[4]长幼顺：兄长与弟弟的关系合于礼义，即兄爱弟敬。《左传》隐公三年石碏言："且夫贱妨贵，少陵长，远间亲，新间旧，小加大，淫破义，所谓六逆也。君义，臣行，父慈，子孝，兄爱，弟敬，所谓六顺也。"长幼，指兄与弟。顺，合于礼的关系。　[5]上下治：指社会中尊卑上下各个等级之间的关系处理得很好。上对下亲近，下对上恭顺。　[6]"天地明察"二句：圣明的帝王通过祭祀，与天帝和地祇互相明察了解，从而天地的神灵之力与人间帝王的道德之心相互感应，天地降福祉于人间，帝王的崇高品德也感化人间，二者相得益彰，风调雨顺，天下太平，人民幸福安定。唐玄宗注言："事天地能明察，则神感至诚，而降福佑，故曰彰也。"神明，即神祇。彰，显，显著，彰扬。

　　"故虽天子必有尊也[1]，言有父也；必有先也[2]，言有兄也。宗庙致敬[3]，不忘亲也。修身慎行[4]，恐辱先也。宗庙致敬[5]，鬼神著矣。孝悌之至[6]，通于神明，光于四海，无所不通。

[注释]

[1]"故虽天子必有尊也"二句：天子本来是人间最尊贵者，但即便如此，还有比天子更尊贵的人，就是说，他也有父亲。由于古代天子之位实行终身制和嫡长子继承制，父死后，其嫡长子

才可以继承帝位，故而在一般情况下，天子不应有生身父亲仍在世供他孝敬。但是，《群书治要》郑注云：“虽贵为天子，必有所尊，事之若父，三老是也。”意为天子之父事者指三老。唐玄宗注云：“父谓诸父，兄谓诸兄，皆祖考之胤也。礼，君宴族人，与父兄齿也。”这是说，天子“有父”，指其同族的父辈，即叔叔、伯伯等。几种说法都可通。天子对父辈必须十分尊崇，并尽天下的财力来供养。　[2]“必有先也”二句：古代又有兄终弟及的天子之位继承方法，因而天子在尊父的同时，也应尊传位给他的兄长，连带要尊其他诸兄。《群书治要》郑注云：“必有所先，事之若兄者，五更是也。”言天子之兄事者为上文所言之五更。而上注所引唐玄宗注，则以为是其同祖乃至同父的诸兄，即叔伯兄弟和庶兄。原来，唐朝自唐太宗到唐肃宗的七位皇帝，多非嫡长子继承皇位，其中多有篡弑废立之事。唐玄宗李隆基就是唐中宗的第三子，本来轮不到他继承皇位，故有是说。先，先后之先，前，比他早降生，即兄长。　[3]宗庙：为祭祀祖先之处。致敬：指在宗庙祭祀时，充分表达对逝世先祖的崇敬之心。　[4]“修身慎行”二句：唐玄宗注：“天子虽无上于天下，犹修持其身，谨慎其行，恐辱先祖，而毁盛业也。”修身，自己进行道德品质的修养。慎行，一举一动都十分谨慎，唯恐出差错。恐，怕，担心。辱先，对先人有所侮辱。这种侮辱，对天子来说，主要是丑恶残暴的行为会使王朝在百姓中的威望降低，而遭致辱骂，甚至使王朝覆灭，先祖的宗庙被毁，先祖遗留下来的大业丧失，那是对先祖最大的侮辱。先，先人，指其父亲、祖父等祖先。　[5]“宗庙致敬”二句：因天子祭祀祖宗十分礼敬，故而其祖先的魂灵都来附着享用，为天子祭祀的诚心所感动而赐以福佑。鬼神，是指先人的魂灵。著，有两种解释。《群书治要》郑注云：“事生者易，事死者难，圣人慎之，故重其文。”意为“著”与上文之“彰”同义，整个句子都是对前句的重复。而唐玄宗注言："事宗庙能尽敬，则祖考来格，享于克诚，故曰著也。"意为"著"是"附着"的意思。　[6]"孝悌之至"以下四句：《群书治要》郑注云："孝至于天，则风雨时。孝至于地，则万物成。孝至于人，则重译来贡。故无所不通也！"光，横，即充满，充斥，到处都是。四海，东海、西海、南海、北海，古人以为九州周围是大海，以东西南北海名之，故四海即指普天之下。无所不通，指四海之内凡有人的地方，无不被其孝道感化，连极远的民族都通过几重翻译，前来进献贡品。通，达，到达。

　　"《诗》云[1]：'自西自东[2]，自南自北，无思不服。'"

［注释］

[1]《诗》：下引诗句见《诗经·大雅·文王有声》。据说，此诗是赞颂周文王武功，并歌颂武王能够继承文王极好的声誉，完成其讨伐殷商的武功。　[2]"自西自东"以下三句：郑笺："武王于镐京行辟雍之礼，自四方来观者，皆感化其德，心无不归服者。"自西自东，自南自北，即由最西到最东，从极南到极北，天下四方，所有的地方。自，由，从。服，归附，服从。

［点评］

　　这一章仍是讲孝道的作用，但这个作用已经不是人对人、人对社会的作用，而是人与天、与地、与祖先亡灵相互感化而发生的作用。文中认为，天子只要诚心尽孝，就能敬事上天，敬事地祇，敬事先祖亡灵，从而与上天、地祇和先祖亡灵相互感应，上天、地祇和先祖亡灵明察了天子的孝心和祭祀的诚心，就能降福来佑护人间，从而使风调雨顺，寒暑适宜，五谷丰登，祸乱不生，四海之内的民众，无不受天子孝道的感化，而都来归附，达到天、地、人三者和合的最高境界。古人讲天人感应，讲人与自然的和谐，实际上是建立在人对自然不断深入认识的基础上的。本章的"明""察"，就含有相互的意味。既指上天、地祇、父祖亡灵对天子孝道的明察，也指天子对上天、地祇、父祖亡灵特点和状况的明察。由此看来，这里所说的感应，还是有积极的一面。

　　这一章，值得注意的是天子"必有先也，言有兄也"的论断。说的是天子祭祀宗庙时，不能忘记自己的兄长。这是什么原因呢？原来，中国古代是一个宗法社会，天子之位一般是嫡长子继承，三代之中，夏朝和周朝其王位一般多是嫡子继承，其中夏有二例弟继兄位者，周有四例弟继兄位，一例孙继祖位者。商代则不然，从商汤之传位外丙开始至末代商王帝纣共二十九位商王，其中嫡子继承王位的十四王（还包括两位非嫡长子继位的），弟继兄位的十二王，侄继叔位的三王。在弟继兄位的情况下，商王祭祀祖庙时，不可能将传位于他的兄长排除在外。儒家是深悉这种历史奥妙的，所以才在强调孝于父母的同时也强调悌于兄长，在强调尊父的同时，也强调尊兄，在论说天子宗庙祭祀时，既强调祭父祖，也不能忘记兄长等亲人，在讲不辱先的时候，就包括不辱兄长了。

　　至于本章所讲感应，即人与天地神灵的相互感动和作用，这是古代哲人讨论人与自然关系的思想成果。大体意思是人是效仿天的形象产生的，人是天的副本，因此人与天是同类的。同类事物之间会出现相感相动的现象。所以，天与人之间也存在相感相动关系，这就是感应。古人认为天人感应是普遍存在的，它的主要作用表现在人类社会的治乱与天道运行之间的关系上。具体来说，人类社会的治乱兴衰状况会影响到天道的运行；反过来，天也会通过灾异或祥瑞来表达对人间治理的评判，体现和促进人间社会的治乱兴衰。天子或国君失德，就会感应而引起灾异；天子或国君有德，就会降下祥瑞，风调雨顺，天下太平，万国来朝。这些都是天对人间天子的奖掖、警告或惩罚，对王权的制约。由此看来，这是一个人作用于天，天又反作用于人的相互的、循环的过程。本章中讲感应，是通过天道来讲人道，从而规劝天子国君顺天、法天，依天意行事，具体说，就是以孝道治天下，以严敬祭祖宗，以修身示万民，就会与上天和祖先的魂灵互相通达，从而得到上天和祖先赐给的福佑。天子行孝道尽善尽美，就能够使四海之内充满其道德的光辉，凡有人的地方无不受其孝道的感化，即使极边远的少数族人也通过几重翻译，前来朝贡，以表示衷心的臣服。

事君章第十七

　　子曰："君子之事上也^[1]，进思尽忠^[2]，退思补过^[3]，将顺其美^[4]，匡救其恶^[5]，故上下能相亲也^[6]。

［注释］

[1] 事上：侍奉国君。上，此处指国君。　[2] 进：指在朝廷为官。思：考虑。尽忠：竭尽对国君的忠诚，直至为其而死。《孝经》郑注："死君之为尽忠。"臣下侍奉国君时最基本的道德要求是忠。何谓忠？就是尽力无私，完全从国家和民众的利益考虑。　[3] 退：退职闲居家中。揣摩本章所引《诗经》主要是讽刺小人在朝中当道，而赞扬君子在野都能关心国事，思为国君尽忠。《孝经》本章既引此诗作结，可见作者本意是"进"指任官在朝，"退"指在野为民。补过：弥补自身的过失以更好地为君为国，或弥补国君与国家大事中的不当之处。　[4] 将顺其美：意为对国君

《礼记·礼运》言："父慈、子孝、兄良、弟弟、夫义、妇听、长惠、幼顺、君仁、臣忠，十者，谓之人义。"将臣忠视为人的十种基本行为要求之一。《左传》桓公六年，季梁对随侯言："所谓道，忠于民而信于神也。上思利民，忠也；祝史正辞，信也。"意思是所谓忠，就是做任何事情，都要从民众的利益出发。

正确有益于民的政令，要毫不犹豫地奉行，使其德政能顺利地推行到各地。唐玄宗注："将，行也。君有美善，则顺而行之。"将，奉行，秉承。顺，顺从。有使动的意思，不仅自己顺从，还要使天下人顺从。美，好，正当，正确。　[5] 匡救其恶：对国君的错误或不当要进行制止、匡正和补救。唐玄宗注："匡，正也。救，止也。君有过恶，则正而止之。"匡，纠正，扶正。救，补救，弥补，制止。　[6] 故上下能相亲也：君子能够彰扬国君的美德，又能匡正国君的过失，无论何时何地对国君都是一片忠心，国君能以义对待臣僚，听从臣僚的意见，君臣之间紧密合作、相互信任而不猜忌，所以能互相亲爱。《群书治要》郑注："君臣同心，故能相亲。"唐玄宗注："下以忠事上，上以义接下，君臣同德，故能相善。"上，国君。下，臣僚。

"中心藏之，何日忘之"句中的主语是谁，古人有不同理解。唐玄宗注言："义取臣心爱君，虽离左右，不谓为远，爱君之志，恒藏心中，无日暂忘也。"将此诗句的主语指为君子，显然不当。因为从全诗意思分析，诵咏此诗句的是民众，故此句中爱戴君子的是民众，由于距离很远而无法当面向君子诉说爱戴之情的是民众，心中深藏对君子爱戴的是民众，永远不会忘记君子对国君的忠心和对民众的好处的还是民众。

　　"《诗》云[1]：'心乎爱矣[2]，遐不谓矣[3]。中心藏之[4]，何日忘之！'"

[注释]

　　[1]《诗》：下引诗句见《诗经·小雅·隰（xí）原》。据说，此诗写于周幽王时，当时小人当道，君子在野，民众怀念有德行的君子，赞颂他在官位时，能尽忠于君，有益于民，而作此诗予以讽谏。　[2] 乎：表感叹，可译为"啊""呀"。　[3] 遐：远，指因君子不做官而居于很远的鄙野。谓：诉说。　[4]"中心藏之"二句：意为民众们由于距离很远而无法当面向君子诉说，但心中仍深藏对君子的爱戴，永远不会忘记君子对国君的忠心和对民众的好处。本章以此诗句作结，意为民众永远不会忘记那些曾经忠心耿耿为国为民的德行君子。从而与前《广扬名章》中的"名立

于后世"相呼应。中心，心中，内心。之，指君子任官时的忠诚与为民的业绩。

[点评]

事君，指事奉国君。《广扬名章》论及君子以事亲之孝移于事君，以便建功立业、扬名于后世。本章则进一步深入论说君子应如何事君，提出君子无论为官还是为民，在朝还是在野，都应以尽忠节为事君最基本的道德思想和行为。而尽忠节，有对朝政提出好的建议，奉行国君的德政，发扬其圣德；有纠正国君的失误和国事的错误，以制止国君的恶行和暴政。这种一心忠君的君子，将会永远受到民众的爱戴。

本章中"进思尽忠，退思补过"中的进和退的含义历来歧见颇大。一说，进指见君于朝廷，退指退朝回到家中。唐玄宗注："进见于君，则思尽忠。"邢疏引韦昭言："退归私室，则思补其身过。"即为此说。另一说，进指在朝廷做官，退指退职回家为民。孔传："退还所职，思其事宜，献可替否，以补主过。"《左传》宣公十二年，晋士贞子谏曰："（荀）林父之事君也，进思尽忠，退思补过，社稷之卫也。"疏引孔安国曰："进见于君，则必竭其忠贞之节，以图国事，直道正辞，有犯无隐。退还所职，思其事宜，献可替否，以补王过。"即为此说。第三说，指前进或后退的策略手段，即以尽忠为进，以补过为退，非实指人行动的进见与退出。《左传》疏云："以尽忠为进，补过为退耳。非谓进见与退还也。"刘炫《孝经述义》言："炫以为，尽己之忠，无事不耳，非独进见于君方始尽也；补君之过，每处皆然，非独退还其职始思补也。""施之于君则称进，内省其身则称退。尽忠者，尽己之心，以进献于君；补过者，修己之心，以补君失。故以尽忠为进，补过为退耳，非谓进见与退还也。"意为，对此处的进退不可机械地理解。应该看到，这两句总的意思，是在任何场合，都要对君王尽忠。在朝尽忠，在职尽忠，以进谏尽忠，都是对国君尽忠。而在退朝后想国事的过失，在退职闲居后想自己的失误，都是为朝廷补过、关心国事的行为。但揣摩本章所引《诗经》之句意，则恐以第二说为当。因为该诗主要是讽刺小人在朝中当道，而赞扬君子在野都能关心国事，思为国君尽忠。《孝经》本章既引此诗作结，可见作者本意是，进指在朝任官，退指在野为民。其他理解都不尽符合作者原意。

本章中所提出的君子事君要"进思尽忠，退思补过，将顺其美，匡救其恶"的要求，在历史上影响深远，成为古代忠臣的座右铭。范仲淹《岳阳楼记》言："嗟夫！余尝求古仁人之心，或异二者之为，何哉？不以物喜，不以己悲。居庙堂之高，则忧其民；处江湖之远，则忧其君。是进亦忧，退亦忧。"就是化用此意，谓进为居庙堂之上，谓退为处江湖之远。言古仁人能抛弃一切个人的恩怨得失，无论是在朝为官，还是居家为民，都能忠君忧民。

在帝制结束后，人们在孝的同时还要讲忠吗？孙中山先生 1924 年在讲《三民主义·民族主义》时说："在国家之内，君主可以不要，忠字是不能不要的。如果说忠字可以不要，试问我们有没有国呢？我们的忠字可不可以用之于国呢？我们到现在说忠于君，固然是不可以，说忠于民是可不可呢？忠于事又是可不可呢？我们做一件事，总要始终不渝，做到成功，如果做不成功，就是把性命去牺牲，亦所不惜，这便是忠。""我们在民国之内，照道理上说，还是要尽忠，不忠于君，要忠于国，要忠于民，要为四万万人去效忠。为四万万人效忠，比较为一人效忠，自然是高尚得多。故忠字的好道德，还是要保存。"我们当今应在这个意义上提倡"忠"。

丧亲章第十八

任何一个民族的丧葬礼仪都是隆重而真诚的。这不仅是为了纪念死者，更是为了教育生者。

人的生命是短暂的，珍惜生命，过好每一天，是人类永恒的主题。即使在居丧期间，也应重视自己的健康，不能过度悲伤。"无以死伤生，毁不灭性"的说教真是语重心长。

　　子曰："孝子之丧亲也[1]，哭不偯[2]，礼无容[3]，言不文[4]，服美不安[5]，闻乐不乐[6]，食旨不甘[7]，此哀戚之情也[8]。三日而食[9]，教民无以死伤生[10]，毁不灭性[11]，此圣人之政也。丧不过三年[12]，示民有终也。

[注释]

[1] 丧亲：父母死去。父母去世后，孝子就要按照礼的规定去办丧事和奠祭之事了。《论语·为政》："孟懿子问孝。子曰：'无违。'樊迟御，子告之曰：'孟孙问孝于我，我对曰无违。'樊迟曰：'何谓也？'子曰：'生，事之以礼；死，葬之以礼，祭之以礼。'"丧，亡，丧失，失去。　[2] 哭不偯（yǐ）：严可均辑《孝经郑注》言"哭不偯"即"气竭而息，声不委曲"。就是孝子要比其他人哭得更伤心，以至气息竭促，哭声嘶哑没有了高低顿挫，好像要

随父母死去，不愿再活着一样。俟，哭泣的尾声、余声。　[3] 礼无容：指在办丧事，接待吊丧者时，不可如平时那样注重仪止和容貌。严可均辑《孝经郑注》言："父母之丧，不为趋翔，唯而不对。"是对本句的解释。所谓趋翔，是子女见父母、卑者见尊者时，为表示尊重而小步快行，手足动作很大。而办丧事时，因孝子极为悲痛，故行动相对缓慢，即使见了尊者，因沉浸于悲痛之中而礼节简略，不必小步快行，在行动和面部表情上表现出对尊者的尊敬。容，仪容，指不同场合特定的仪容要求。　[4] 言不文：语言简单质朴，不加修饰。儒家经典中对人们在治丧期间的语言有明确的要求。《礼记·间传》："斩衰唯而不对，齐衰对而不言，大功言而不议，小功、缌麻议而不及乐。此哀之发于言语者也。"《礼记·杂记下》："三年之丧，言而不语，对而不问，庐垩室之中，不与人坐焉。"即孝子在治丧时，对他人的话，一般只表示首肯，而不回答其问话，更不向别人问询。即使说话，也非常简略，不加文饰。言，言语，说话。文，文饰，修饰。　[5] 服美不安：孝子在办丧事时，心里悲痛之极，身上如果穿着质地优良、颜色鲜艳的衣服，心中必将十分不安，因此要换上衰麻的丧服。古代丧服按穿着者与死者亲疏关系的不同而分为五等。服，穿着（服装）。美，好，指衣服质地好颜色艳。　[6] 闻乐（yuè）不乐（lè）：孝子由于丧失父母心中悲痛，即使听到欢快的音乐，也不会感到愉悦。所以丧礼规定，孝子在服丧期间，不得演奏音乐。闻，听，听到。前"乐"指音乐，后"乐"指高兴。　[7] 食旨不甘：《礼记·问丧》："亲始死，鸡斯（去笄缅），徒跣，扱上衽，交手哭，恻怛之心，痛疾之意，伤肾，干肝，焦肺，水浆不入口，三日不举火，故邻里为之糜粥以饮食之。夫悲哀在中，故形变于外也。痛疾在心，故口不甘味，身不安美也。"意为在父母死后三天之内，孝子极为悲痛，不思饮食，故家中不举炊烟做饭，邻居送来米粥，孝子不管其味道好坏，不用调和而食用此粥。假若此时有美味佳肴送来，孝子因悲痛之极，没有食欲，不以其味为美。《礼记·杂记下》："丧食虽恶，必充饥。饥而废事，非礼也。饱而忘哀，亦非礼也。"旨，可口的食物。甘，香甜、鲜美的味觉。不甘，不以其味为甜美。　[8]此哀戚之情也：以上六种表现都是孝子悼念、忧戚父母亡故之深情的必然流露。哀，悲痛，悼念。戚，忧愁，忧伤。　[9]三日而食：即便在父母死后因心中极为悲痛而吃不下东西，到父母死三天后一定要压抑悲痛开始吃东西。《礼记·间传》："斩衰三日不食，齐衰二日不食，大功三（三顿）不食，小功缌麻再（两顿）不食，士与敛焉，则壹不食。故父母之丧，既殡食粥，朝一溢米，莫（暮）一溢米。齐衰之丧，疏食水饮，不食菜果。大功之丧，不食醯酱。小功缌麻，不饮醴酒。此哀之发于饮食者也。"言孝子无论多么悲痛，在三天后一定要开始吃东西。　[10]教：教训，教育，教导。民：此处指孝子。无：不，不要。以死伤生：因为父母的逝世而伤害了自己的身体。孔子反对孝子居丧因过度悲痛而有意作践自己的身体。《礼记·杂记下》："孔子曰：身有疡则浴，首有创则沐，病则饮酒食肉，毁瘠为病，君子弗为也。毁而死，君子谓之无子。"意为过于伤心而毁了自己的健康乃至病死，就会使父母没有了后代，这是最大的不孝。　[11]毁不灭性：由于悲伤而不吃饭而身体瘦弱，但不可过分，以至违背了人性，甚至因此而死。毁，伤害身体。灭性，违背人性。　[12]"丧不过三年"二句：父母死，孝子会终生悲伤，但为父母服丧总应有个了结，故而古代规定，父亲死，子女为父亲服丧三年，实际上是二十五个月（第三年的父死之月）。为什么要服丧三年？孔子解释，是因为人到三岁时才能离开父母的怀抱，为了报答父母的养育之恩，所以要服丧三年。《论语·阳货》载，弟子宰我认为三年之丧时间太长了，孔子解释道："子生三年，然后免于父母之怀。夫三年之丧，天下之通丧也。予（即宰我）也有三年之爱于其父母乎？"《白虎通义·丧服》："三年之丧何？二十五月。以为古民质，痛于死者，不封不树，丧期无数，亡之则除。后代圣人因天地万物有终始，而为之制，以期（一年）断之。父至尊，母至亲，故为加隆，以尽孝子恩。恩爱至深，加之则倍，故再期二十五月也。礼有取于三，故谓之三年。缘其渐三年之气也。"丧，为父母服丧。不过，不超过。示，给人看，让人知道。终，终结，终了。

　　"为之棺、椁、衣、衾而举之 [1]；陈其簠簋而哀戚之 [2]；擗踊哭泣 [3]，哀以送之；卜其宅兆 [4]，而安措之；为之宗庙 [5]，以鬼享之 [6]；春秋祭祀 [7]，以时思之 [8]。

[注释]

　　[1] 为：制作。棺：棺材，用以装殓死者尸体的木质尸匣。椁（guǒ）：外棺，是套在棺之外用于保护棺的木匣。《白虎通义·崩薨》："所以有棺椁何？所以掩藏形恶也，不欲令孝子见其毁坏也。棺之为言貌，所以藏尸，令貌全也。椁之为言廓，所以开廓，辟土无令迫棺也。"衣：指包敛尸身的寿衣。衾（qīn）：给尸身覆盖的被单和铺垫的褥子。一般都要用丝带将被褥捆绑在尸身上，以便不接触肉体就可以将尸体抬运和放置。举：举起、抬起。此处指将包敛好的尸体抬起来安放于棺椁之中。　　[2] 陈：摆放，陈列。簠（fǔ）簋（guǐ）：古代用以盛放食物的两种器皿。郑玄注："方曰簠，圆曰簋，盛黍稷稻粱器。"簠为长方形，大腹，长方形盖，

器、盖各有两耳。簋为圆形，一般为圆口、圆腹、圈足，无耳或有两耳、四耳，有的有盖。簠、簋以铜、陶或木制成，古代用簠、簋盛放各种粮食供物，以祭祀鬼神。古代从父母去世到出殡入葬，死者尸棺之前都要奠奉食物。《礼记·檀弓下》："奠以素器，以生者有哀素之心也。"素器，指没有花纹装饰的簠、簋。哀戚：悲哀，伤心。   [3]"擗（pǐ）踊（yǒng）哭泣"二句：《礼记·问丧》："三日而殓。在床曰尸，在棺曰柩。动尸举柩，哭踊无数，恻怛之心，痛疾之意，悲哀志懑气盛，故袒而踊之，所以动体安心下气也。妇人不宜袒，故发胸，击心，爵踊，殷殷田田，如坏墙然，悲哀痛疾之至也，故曰'辟踊哭泣，哀以送之'，送形而往，迎精而反也。"擗，痛哭时以手拍胸。踊，跳跃，此处指痛哭时以足顿地。由于男女不同，故痛哭时表示极为伤心的手势和体态也不相同。简单说，女子为擗，男子为踊。《礼记·檀弓下》疏曰："抚心为辟，跳跃为踊。孝子丧亲哀慕至懑，男踊女辟，是哀痛之至极也。"送，指送葬，出殡。送父母的遗体离去，迎父母的灵魂回宗庙。   [4]"卜其宅兆"二句：孔传云："卜其葬地，定其宅兆。兆为茔域，宅为穴。卜葬地者，孝子重慎，恐其下有伏石漏水，后为市朝，远防之也。"可见，当时占卜墓地的目的并非是选择什么风水宝地，而是为了使墓地以后不会因各种原因而受到打扰。卜，占卜，此处指请筮者用占卜的办法选择送葬日期并堪定墓地。其，指死去的父母。宅，此处指阴宅、幽宅，即墓穴。兆，茔域，墓园，陵区。安措，安放，安置。此处指安置灵柩，埋葬死者。   [5]宗庙：古代王公贵族供祭祖先亡灵的场所。疏引旧解："宗，尊也。庙，貌也。言祭宗庙见先祖之尊貌也。"先秦，王公贵族不同等级设庙数不同。《礼记·王祭》："天子七庙，三昭三穆与太祖之庙而七。诸侯五庙，二昭二穆与太祖之庙而五。大夫三庙，一昭一穆与太祖之庙而三。士一庙。庶人祭于寝。"   [6]鬼享：

以酒食供祭亡灵。古代在安葬死者以后，即将其亡灵请进宗庙，在宗庙立神主牌位进行祭祀，称鬼享。鬼，人死称鬼。　[7] 春秋祭祀:《礼记·王制二》:"天子诸侯宗庙之祭，春曰礿，夏曰禘，秋曰尝，冬曰烝。""天子社稷皆大牢，诸侯社稷皆少牢。大夫、士宗庙之祭，有田则祭，无田则荐。庶人春荐韭，夏荐麦，秋荐黍，冬荐稻。韭以卵，麦以鱼，黍以豚，稻以雁。"春秋，指一年四季。古人习惯以春秋作为四季的代称。于省吾《岁、时起源初考》言，甲骨文中只有春秋而无冬夏，今文《尚书》二十八篇中，西周的作品也无冬夏之名（汪按:查《尚书·周书》，在《洪范》《君牙》两篇中各有表示季节的"冬""夏"二字。），可见殷和西周一年只划分出春秋二时，所以古人也称年为春秋。四时的划分萌芽于西周末叶。春秋时人仍习惯称一周年为春秋，并以春秋为四季的代称。　[8] 以时思之:指在三年服丧期结束以后，每到寒暑变易时就想到亡故的父母，故祭祀以表达自己的哀思。时，季度。

　　"生事爱敬 [1]，死事哀戚，生民之本尽矣，死生之义备矣，孝子之事亲终矣。"

[注释]

[1] "生事爱敬"以下五句:《荀子·礼论》:"故丧礼者，无它焉，明死生之义，送以哀敬而终周藏也。故葬埋，敬葬其形也；祭祀，敬事其神也；其铭诔系世，敬传其名也。事生，饰始也；送死，饰终也。终始具而孝子之事毕，圣人之道备矣。"以上为全书十八章内容的总结。生民，人民。本，根本，此处指孝道。死生之义，指父母在世时尽力奉养，父母死亡后安葬祭祀。备，

完备。孝子之事亲终矣，孝子侍奉父母的孝行至此结束，或释为孝子葬祭父母的活动至此结束。

［点评］

其他章多数讲的是如何在父母生前行孝，而本章则专门讲在父母死后行孝，这是孝子事亲的终结。本章中具体讲了父母死后孝子在各种场合的行为和表情，总的意思是孝子要以最大的悲伤和哀痛之情去处理丧事，还要节哀，不可因过分哀痛而伤生，服丧不超过三年。本章中还讲了从为亡故父母准备棺椁、收殓，到安葬、入庙祭祀的全部活动规范，表现了儒家重死厚葬的风气。本章最后五句总结全书，言作为孝子，父母在世时以爱敬之心去奉养，父母逝世以哀痛之心去安葬祭祀，到此，孝子事生送死尽孝道的事就算终结了。

虽然本章中说孝子办丧事"无以死伤生，毁不灭性"，实际上儒家丧葬规矩的繁复和拖沓却是无以复加的。如"哭不偯"，即如何哭泣，就因与逝者亲疏不同，而有不同的做法。《礼记·间传》载："斩衰之哭，若往而不反（返）；齐衰之哭，若往而反（返）；大功之哭，三曲而偯；小功缌麻，哀容可也。此哀之发于声音者也。"即如大功（指男子为出嫁的姊妹和姑母，为堂兄弟和未嫁的堂姊妹等服丧）的哭，就是"三曲而偯"。照诸家解释，就是指哭声应该有抑扬顿挫的曲折，每三次曲折就拖一次长声。以致后来因此衍生出专门的"哭丧"行业。而"服美不安"，所言丧服的规矩，就更麻烦了。先秦丧服按其与死者亲疏关系的不同而分为五等。诸侯为天子，臣为君，男子及未嫁女为父，承重孙（长房长孙）为祖父，妻妾为夫，均服斩衰，穿生麻布做的不缝边的丧服，服期三年。齐衰，是五等丧服中次重的一等，穿熟麻布做的缝边整齐的丧服，并且用枲麻带束发、束腰，穿草鞋。服齐衰一年，用丧杖，称"杖期"，不用丧杖，称"不杖期"。齐衰服期分三年、一年、五月、三月。家中父亲已亡，儿子为母亲、继母、父亲的妾服丧三年；家中父亲健在，儿子为母亲、继母、父亲的妾，为自己的妻子、祖父母，为自己的儿子或未出嫁的女儿、嫡孙等服丧一年；同宗的男子女子为宗子及宗子的母妻、庶人为国君、为曾祖父母等服丧三个月。大功，是五等丧服中的第三等，穿精细熟麻布做的丧服，并用枲麻带束发、束腰。外祖父母为未成年的（十六岁至十九岁）外孙、为嫡子的妻、为侄子侄妻、女子为丈夫的祖父母伯叔父母，服丧期为九个月；外祖父母为未成年的（十二岁至十五岁）外孙，服丧期为七个月。小功，是五等丧服中的第四等，穿布衰，并用去掉老皮的、滑净的枲麻带束发、束腰。为叔父未成年的（八岁至十一岁）嫡孙、为夫的未成年的（十六岁至十九岁）从兄弟、为从祖父母、为再从兄弟、为从姊妹、过继为大宗嗣子和嫡外孙为外祖父母，服丧期为五个月。缌麻，是五等丧服中的第五等，穿细布衰，并用去掉老皮的、滑净的枲麻带束发、束腰。为高祖父母、为族曾祖父母、为族祖父母、为族父母、为族兄弟、为祖姑母、为曾孙、为外甥、为姑表兄弟，服丧期为三个月。还有棺椁和尸身装殓的规矩，更是复杂。先秦不同等级死者收殓的衣衾制度有不同规定。寿衣一袍一衣一裳叫作一称。《礼记·丧大记》言："大敛布绞，缩者三，横者五，布紟，二衾，君、大夫、士一也。君陈衣于庭，百称，北领，西上。大夫陈衣于序东，五十称，西领，南上。士陈衣于序东，三十称，西领，南上。""小敛，君、大夫、士皆用复衣复衾。"给尸体穿寿衣覆盖被褥装入棺材，称作殓。一般在人死后，先给尸体洗头洗身，然后穿三次衣服。第一次是袭，天子为十二称，公为九称，诸侯为七称，大夫为五称，士为三称。第二次是小敛，天子至士都是十七称，不再用袍，上衣内纳有丝絮。第三次是大敛，天子为一百二十称，公九十称，诸侯七十称，大夫五十称，士三十称，衣服都是单袷。大敛才将尸体装入棺中。先秦对装殓不同等级的死者所用棺椁的数目及木材有不同的要求。《礼记·檀弓上》："天子之棺四重，水兕革棺被之，其厚三寸。杝棺一，梓棺二，四者皆周。"注言："诸公三重，诸侯再重，大夫一重，士不重。"《礼记·丧大记》："君大棺八寸，属六寸，椑四寸；上大夫大棺八寸，属六寸；下大夫大棺六寸，属四寸；士棺六寸。""君松椁，大夫柏椁，士杂木椁。"如此繁复的各等级死者的丧葬规定，简直就是折腾活人、浪费资源嘛！

古语言"上有所好，下必甚焉"，古代统治者如此提倡孝行孝道，社会以孝作为人们道德品行的评判标准，以至民间之孝子节妇层出不穷，极大地纯洁了社会风气，但也造成了许多极端的行孝的手段。例如广泛流行的后汉郭巨埋儿奉母故事，以及志书中大量割股挖肝为父母治病的行为，都愚蠢之极！

附 录

一、古文孝经（宋本）

说明：今存《古文孝经》有多个版本，在文渊阁《四库全书》经部孝经类就收有《古文孝经孔氏传》及所附《古文孝经（宋本）》和司马光《古文孝经指解》三种本子，有大足宋刻之范祖禹所书《古文孝经》舒大刚校定本，另有《知不足斋丛书》第一集太宰纯刊《古文孝经孔氏传》本等。我们对比几种本子后发现，四库本《古文孝经孔氏传》与《知不足斋丛书》本经文全同，而四库本《古文孝经（宋本）》与四库本《古文孝经指解》经文最为接近，只少两个"以"字，另有四个字用字不同，四库本《古文孝经（宋本）》与舒大刚校定范祖禹书《古文孝经》也较为接近，只少十个字，有十六个字用字不同，以及六、七、八章分章不同。差别最大的是四库本《古文孝经（宋本）》与知不足斋本《古文孝经孔氏传》，后者每章都有章题，此外前者正文比后者正文少四十八个字，增一个字，两书有八十六字用字不同，显然知不足斋本《古文孝经孔氏传》经文确实经过太宰纯或其前人改篡，不可尽信。而其他几种较为近古的本子中，则以四库本《古文孝经（宋本）》最为整齐。

以下所录经文为四库本《古文孝经（宋本）》（该本原无章序，为方便查阅，著录者新加章序），另以舒大刚校定范祖禹书《古文孝经》本（简称"范书"）、四库本《古文孝经指解》（简称"指解"）、《知不足斋丛书》本《古文孝经孔氏传》（简称"知不足斋本"），及阮元校刻《十三经注疏》本《孝经》（简称"今文"）加以校雠，以使读者明了诸种古文及今文本之差异。

一①

仲尼闲②居，曾子侍坐③。子曰："参④，先王有至德要道，以顺⑤天下，民用和睦，上下无⑥怨。女⑦知之乎？"曾子避⑧席曰："参不敏，何足以知之⑨？"子曰："夫孝，德之本⑩，教之所由生⑪。复坐，吾语女⑫。身体发肤，受之父母，不敢毁伤，孝之始也。立身行道，扬名于后世，以显父母，孝之终也。夫孝，始于事亲，中于事君，终于立身。《大雅》云：'无⑬念尔祖，聿修厥⑭德。'"

校记：①范书、指解同无章名章序（以下各章校记皆省"章名章序"诸字），知不足斋本作"开宗明谊章第一"，今文作"开宗明义章第一"。　②闲：今文无此字。　③坐：今文无此字。　④参：今文无此字。　⑤顺：范书为"治"，知不足斋本为"训"。　⑥无：知不足斋本作"亡"。　⑦女：今文作"汝"。　⑧避：知不足斋本作"辟"。　⑨知之：知不足斋本为"知之乎"，增一"乎"字。　⑩德之本：知不足斋本、今文作"德之本也"。　⑪由生：知不足斋本作"繇生"，今文作"由生也"。　⑫女：今文作"汝"。　⑬无：知不足斋本作"亡"。　⑭厥：知不足斋本作"其"。

二①

子曰："爱亲者，不敢恶于人；敬亲者，不敢慢于人。爱敬尽于事亲，而②德教加于百姓，刑于四海。盖天子之孝③。《甫④刑》云：'一人有庆，兆民赖之。'"

校记：① 范书、指解同无，知不足斋本、今文作"天子章第二"。 ② 而：知不足斋本为"然后"。 ③ 之孝：知不足斋本、今文作"之孝也"，增一"孝"字。 ④ 甫：知不足斋本作"吕"。

三①

"在②上不骄，高而不危；制节谨度，满而不溢。高而不危，所以长守贵③，满而不溢，所以长守富④。富贵不离其身，然后能保其社稷，而和其民人。盖诸侯之孝⑤。《诗》云：'战战兢兢，如临深渊，如履薄冰。'

校记：① 范书、指解同，知不足斋本、今文作"诸侯章第三"。 ② 在："在"字前，范书、知不足斋本有"子曰"。 ③ 贵：知不足斋本、今文作"贵也"，增一"也"字。 ④ 富：知不足斋本、今文作"富也"，增一"也"字。 ⑤ 孝：知不足斋本、今文作"孝也"，增一"也"字。

四①

"非②先王之法服不敢服，非先王之法言不敢道，非先王之德行不敢行。是故非法不言，非道不行，口无③择言，身无④择行。言满天下无⑤口过，行满天下无⑥怨恶。三者备矣，然后能守其宗庙⑦。盖卿大夫之孝也。《诗》云：'夙夜匪懈⑧，以事一人。'

校记：① 范书、指解同，知不足斋本、今文作"卿大夫章第四"。 ② 非："非"字前，范书、知不足斋本有"子曰"。 ③ 无：知不足斋本作"亡"。 ④ 无：知不足斋本作"亡"。　⑤无：知不足斋本作"亡"。　⑥无：知不足斋本作"亡"。
⑦然后能守其宗庙：知不足斋本作"然后能保其禄位，而守其宗庙"，增"保其
禄位，而"五字。　⑧懈：知不足斋本作"解"。

五①

"资②于事父以事母，而③爱同；资于事父以事君，而④敬同。故
母取其爱，而君取其敬，兼之者父也。故以孝事君则忠，以敬⑤事长则
顺。忠顺不失，以事其上，然后能保其爵禄⑥，而守其祭祀。盖士之孝也。
《诗》云：'夙兴夜寐，无⑦忝尔所生。'"

校记：①范书、指解同，知不足斋本、今文作"士章第五"。　②资："资"
字前，范书、知不足斋本有"子曰"。　③而：知不足斋本作"其"。　④而：
知不足斋本作"其"。　⑤敬：知不足斋本作"悌"。　⑥爵禄：范书、今文作"禄
位"。　⑦无：范书作"毋"，知不足斋本作"亡"。

六①

子曰②："因③天之道，因④地之利，谨身节用，以养父母。此庶人
之孝也。"

校记：①范书、指解同，知不足斋本、今文作"庶人章第六"。　②子曰：
今文无此二字。　③因：今文作"用"。　④因：今文作"分"。

七①

"故②自天子已下③，至于庶人，孝无④终始，而患不及者，未之
有也。"

校记：①范书、今文与上第六章合为一章。指解分作第七章，无章题章序。

知不足斋本分作第七章，章名作"孝平章第七"。　②故：知不足斋本前有"子曰"二字。　③已下：知不足斋本作"以下"，今文无此二字。　④无：知不足斋本作"亡"。

八①

曾子曰："甚哉，孝之大也！"②子曰："夫孝，天之经③，地之义④，民之行⑤。天地之经，而民是则之。因⑥天之明，因地之义⑦，以顺⑧天下，是以其教不肃而成，其政不严而治。先王⑨见教之可以化民也，是故先之博爱⑩，而民莫遗其亲；陈之以德义⑪，而民兴行；先之礼让⑫，而民不争；导⑬之以礼乐，而民和睦；示之以好恶，而民知禁。《诗》云：'赫赫师尹，民具尔瞻。'"

校记：①范书"曾子曰：'甚哉！孝之大也。'"属第六章。指解、知不足斋本、今文属本章。知不足斋本作"三才章第八"，今文作"三才章第七"。②曾子曰甚哉孝之大也：范书以此句属上章。　③经：知不足斋本、今文作"经也"，增一"也"字。　④义：知不足斋本作"谊也"，一字不同，且增一"也"字；今文作"义也"，增一"也"字。　⑤行：知不足斋本、今文作"行也"，增一"也"字。　⑥因：范书、知不足斋本、今文作"则"。　⑦义：知不足斋本、今文作"利"。　⑧顺：知不足斋本作"训"。　⑨先王：自此以下，范书分作第八章，且在前加"子曰"二字。　⑩先之博爱：范书、指解、知不足斋本、今文皆作"先之以博爱"，增一"以"字。　⑪义：知不足斋本作"谊"。　⑫先之礼让：范书、指解、知不足斋本、今文皆作"先之以敬让"，增一"以"字，别一"敬"字。　⑬导：知不足斋本作"道"。

九①

子曰："昔者，明王以②孝治天下也，不敢遗小国之臣，而况于公、侯、伯、子、男乎？故得万国之欢③心，以事其先王。治国者，不敢侮于鳏寡，而况于士民乎？故得百姓之欢^④心，以事其先君。治家者，不敢侮于臣妾^⑤，而况于妻子乎？故得人之欢^⑥心，以事其亲。夫然，故生则亲安之，祭则鬼享之。是以天下和平，灾害不生，祸乱不作，故明王之以^⑦孝治天下^⑧如此。《诗》云：'有觉德行，四国顺之。'"

校记：① 范书、指解同，知不足斋本作"孝治章第九"，今文作"孝治章第八"。　② 以：知不足斋本及今文为"之以"。　③ 欢：指解作"懽"，"欢"字异体。　④ 欢：指解作"懽"。　⑤ 侮于臣妾：范本、今文作"失于臣妾"，指解作"侮于臣妾"，知不足斋本作"失于臣妾之心"，增"之心"二字。　⑥ 欢：指解作"懽"。　⑦ 以：知不足斋本作"于"。　⑧ 天下：知不足斋本、今文作"天下也"，增一"也"字。

十^①

曾子曰："敢问圣人之德，其无^②以加于孝乎？"子曰："天地之性，人为贵。人之行，莫大于孝。孝莫大于严父，严父莫大于配天，则周公其人也。昔者，周公郊祀后稷以配天，宗祀文王于明堂以配上帝。是以四海之内，各以其职来助祭^③。夫圣人之德，又何以加于孝乎？故^④亲生之膝下^⑤，以养父母日严，圣人因严以教敬，因亲以教爱。圣人之教，不肃而成，其政不严而治，其所因者本也。"

校记：① 范书、指解同，知不足斋本作"圣治章第十"，今文以本章及第十一、第十二章合为一章，作"圣治章第九"，。　② 其无：知不足斋本为"其亡"，今文为"无"，少"其"字。　③ 助祭：今文无"助"字。　④ 故：知不足斋本作"是故"，增一"是"字。　⑤ 之膝下：知不足斋本作"毓之"。

十一^①

子曰^②："父子之道，天性^③，君臣之义^④。父母生之，续^⑤莫大焉。

君亲临之，厚莫重焉。"

校记：① 范书、指解同，知不足斋本作"父母生绩章第十一"，今文系第九章"圣治章"之部分。　② 子曰：今文无此二字。　③ 天性：知不足斋本作"天性也"，增一"也"字。　④ 之义：知不足斋本、今作"之义也"，增一"也"字。　⑤ 绩：知不足斋本作"绩"。

十二 ①

子曰 ②："不 ③ 爱其亲而爱他人者，谓之悖德；不敬其亲而敬他人者，谓之悖礼。以顺 ④ 则逆 ⑤，民无 ⑥ 则焉。不在 ⑦ 于善，而 ⑧ 皆在于凶德。虽得之 ⑨，君子所不贵 ⑩。君子则不然，言斯 ⑪ 可道，行斯 ⑫ 可乐，德义 ⑬ 可尊 ⑭，作事可法，容止可观，进退可度，以临其民。是以其民畏而爱之，则而象之。故能成其德教，而行 ⑮ 政令。《诗》云：'淑人君子，其仪不忒。'"

校记：① 范书、指解同，知不足斋本作"孝优劣章第十二"，今文系第九章后部分。　② 子曰：今文无此二字。　③ 不：今文为"故不"，增一"故"字。④ 顺：知不足斋本作"训"。　⑤ 逆：知不足斋本作"昏"。　⑥ 无：知不足斋本作"亡"。　⑦ 在：知不足斋本作"宅"。　⑧ 而：范书无此字。　⑨ 之：知不足斋本作"志"。　⑩ 所不贵：知不足斋本作"弗从也"，今文作"不贵也"，皆无"所"字。　⑪ 斯：知不足斋本、今文作"思"。　⑫ 斯：知不足斋本、今文作"思"。　⑬ 义：知不足斋本作"谊"。　⑭ 尊：范书作"遵"。　⑮ 行：知不足斋本、今文作"行其"，增一"其"字。

十三 ①

子曰："孝子之事亲 ②，居则致其敬，养则致其乐，病 ③ 则致其忧，丧则致其哀，祭则致其严。五者备矣，然后能事亲 ④。事亲者，居上不骄，为下不乱，在丑不争。居上而骄则亡，为下而乱则刑，在丑而争则兵。此三者^⑤不除，虽日用三牲之养，犹^⑥为不孝也。"

校记：① 范书、指解同，知不足斋本作"纪孝行章第十三"，今文作"纪孝行章第十"。　② 事亲：知不足斋本为"事亲乎"，今文为"事亲也"，各增一字。　③ 病：知不足斋本作"疾"。　④ 事亲：知不足斋本作"事其亲"，增一"其"字。　⑤ 此三者：指解无此三字。今文作"三者"，无"此"字。　⑥ 犹：知不足斋本作"繇"。

十四^①

子曰："五刑之属三千，而罪莫大于不孝。要君者无^②上，非圣^③者无^④法，非孝者无^⑤亲。此大乱之道也。"

校记：① 范书、指解同，知不足斋本作"五刑章第十四"，今文作"五刑章第十一"。　② 无：知不足斋本作"亡"。　③ 圣：知不足斋本、今文作"圣人"，增一"人"字。　④ 无：知不足斋本作"亡"。　⑤ 无：知不足斋本作"亡"。

十五^①

子曰："教民亲爱，莫善于孝。教民礼顺，莫善于弟^②。移风易俗，莫善于乐。安上治民，莫善于礼。礼者，敬而已矣^③。故敬其父，则子悦^④；敬其兄，则弟悦^⑤；敬其君，则臣悦^⑥。敬一人，而千万人悦^⑦。所敬者寡，而悦^⑧者众，此之谓要道^⑨。"

校记：① 范书、指解同，知不足斋本作"广要道章第十五"，今文作"广要道章第十二"。　② 弟：今文作"悌"。　③ 矣：知不足斋本、今文作"也"。　④ 悦：知不足斋本作"说"。　⑤ 悦：知不足斋本作"说"。　⑥ 悦：知不足斋本作"说"。　⑦ 悦：知不足斋本作"说"。　⑧ 悦：知不足斋本斋本作"说"。　⑨ 要道：知不足斋本、今文作"要道也"，增一"也"字。

十六①

子曰："君子之教以孝也，非家至而日见之也。教以孝，所以敬天下之为人父者②。教以弟③，所以敬天下之为人兄者④。教以臣，所以敬天下之为人君者⑤。《诗》云：'恺悌⑥君子，民之父母。'非至德，其孰能顺⑦民如此其大者乎！"

校记：①范书、指解同，知不足斋本作"广至德章第十六"，今文作"广至德章第十三"。　②者：今文作"者也"，增一"也"字。　③弟：今文作"悌"。　④者：今文作"者也"，增一"也"字。　⑤者：今文作"者也"，增一"也"字。　⑥恺悌：范书作"岂弟"。　⑦顺：知不足斋本作"训"。

十七①

子曰："昔者明王，事父孝，故事天明；事母孝，故事地察；长幼顺，故上下治。天地明察，神明彰②矣。故虽天子必有尊也，言有父也；必有先也，言有兄也③；宗庙致敬，不忘亲也；修身慎行，恐辱亲④也；宗庙致敬，鬼神著矣。孝弟⑤之至，通于神明，光于四海，无所不通⑥。《诗》云：'自西自东，自南自北，无⑦思不服。'"

校记：①范书、指解同，知不足斋本作"应感章第十七"，今文作"感应章第十六"。　②彰：知不足斋本作"章"。　③言有兄也：知不足斋本为"言有兄也，必有长也"，增"必有长者"四字。　④亲：范书、知不足斋本、今文作"先"。　⑤弟：范书、今文作"悌"。　⑥无所不通：知不足斋本作"亡所不暨"。　⑦无：知不足斋本作"亡"。

十八①

子曰："君子之②事亲孝，故忠可移于君。事兄弟③，故顺可移于长。居家理，故治可移于官。是故④行成于内，而名立于后世⑤矣。"

校记：① 范书、指解同，知不足斋本作"广扬名章第十八"，今文作"广扬名章章第十四"。　② 之：知不足斋本无此字。　③ 弟：范书、今文作"悌"。④ 是故：知不足斋本、今文作"是以"。　⑤ 后世：范书作"后"，无"世"字。

十九①

子曰："闺门之内，具礼矣乎！严父、严兄。妻、子、臣、妾，犹②百姓徒役也。"

校记：① 范书、指解同无，知不足斋本作"闺门章第十九"，今文无此章。② 犹：知不足斋本作"繇"。

二十①

曾子曰："若夫慈爱、恭②敬、安亲、扬名，参③闻命矣。敢问从④父之令⑤，可谓孝乎？"子曰："是⑥何言与？是何言与？言之不通也⑦。昔者，天子有争臣七人，虽无⑧道，不失其⑨天下；诸侯有争臣五人，虽无⑩道，不失其国；大夫有争臣三人，虽无⑪道，不失其家；士有争友，则身不离于令名；父有争子，则身不陷于不义⑫。故当不义⑬，则子不可以弗⑭争于父，臣不可以弗⑮争于君。故当不义⑯，则争之。从父之令⑰，焉⑱得为孝乎？

校记：① 范书、指解同，知不足斋本作"谏争章第二十"，今文作"谏诤章第十五"。　② 恭：知不足斋本作"龚"。　③ 参：今文作"则"。　④ 从：知不足斋本、今文为"子从"，增一"子"字。　⑤ 令：知不足斋本作"命"。⑥ 是：知不足斋本为"参，是"，增一"参"字。　⑦ 言之不通也：知不足斋本"也"作"邪"字，今文无此五字。　⑧ 无：知不足斋本作"亡"。　⑨ 其：知不足斋本无"其"字。　⑩ 无：知不足斋本作"亡"。　⑪ 无：知不足斋本作"亡"。　⑫ 义：知不足斋本作"谊"。　⑬ 义：知不足斋本作"谊"。　⑭ 弗：

知不足斋本、今文作"不"。　⑮弗：知不足斋本、今文作"不"。　⑯义：知不足斋本作"谊"。　⑰令：知不足斋本作"命"。　⑱焉：知不足斋本作"又安"，增一"又"字；今文"焉"字前增一"又"字。

二一①

子曰："君子②事上③，进思尽忠，退思补过，将顺其美，匡救其恶，故上下能相亲④。《诗》云：'心乎爱矣，遐不谓矣。中⑤心藏⑥之，何日忘之！'"

校记：①范书、指解同，知不足斋本作"事君章第二十一"，今文作"事君章第十七"。　②君子：知不足斋本、今文为"君子之"，增一"之"字。　③事上：知不足斋本、今文作"事上也"，增一"也"字。　④相亲：知不足斋本、今文作"相亲也"，增一"也"字。　⑤中：知不足斋本作"忠"。　⑥藏：范书、指解、今文作"蔵"字，按"蔵"为"藏"字异体；知不足斋本作"臧"。

二二①

子曰："孝子之丧亲②，哭不偯③，礼无④容，言不文，服美不安，闻乐不乐，食旨不甘，此哀戚之情⑤。三日而食，教民无⑥以死伤生⑦，毁不灭性，此圣人之政⑧。丧不过三年，示民有终⑨。为之棺、椁、衣、衾而⑩举之，陈其簠⑪簋而哀戚之，擗踊哭泣⑫，哀以送之，卜其宅兆而安措⑬之，为之宗庙以鬼享之，春秋祭祀以时思之。生事爱敬，死事哀戚，生民之本尽矣，死生之义⑭备矣，孝子之事⑮亲终矣。"

校记：①范书、指解同，知不足斋本作"丧亲章第二十二"，今文作"丧亲章第十八"。　②丧亲：知不足斋本、今文作"丧亲也"，增一"也"字。③偯：知不足斋本作"依"。　④无：知不足斋本作"亡"。　⑤之情：知不足斋本、今文作"之情也"，增一"也"字。　⑥无：知不足斋本作"亡"。　⑦伤生：

知不足斋本作"伤生也"，增一"也"字。　⑧之政：知不足斋本、今文作"之正也"，一字不同，又增一"也"字。　⑨有终：知不足斋本、今文作"有终也"，增一"也"字。　⑩而：知不足斋本作"以"字。　⑪簠：知不足斋本作"甫"。　⑫擗踊哭泣：知不足斋本作"哭泣擗踊"。　⑬措：范书作"厝"。　⑭义：知不足斋本作"谊"。　⑮事亲：知不足斋本作"事"，无"亲"字。

二、历代序跋要录

孔子语

　　欲观我褒贬诸侯之志在《春秋》，崇人伦之行在《孝经》。

　　（本文录自 ［宋］傅注《孝经注疏序》引《孝经纬》，阮元校刻《十三经注疏》［清嘉庆刊本］，中华书局，2009 年，第 5517 页）

古文孝经序
汉·孔安国？

　　《孝经》者何也？孝者，人之高行；经，常也。自有天地人民以来，而孝道著矣。上有明王，则大化滂流，充塞六合。若其无也，则斯道灭息。当吾先君孔子之世，周失其柄，诸侯力争，道德既隐，礼谊又废。至乃臣弑其君，子弑其父，乱逆无纪，莫之能正。是以夫子每于闲居而叹述古之孝道也。

　　夫子敷先王之教于鲁之洙泗，门徒三千，而达者七十有二也。贯首弟子颜回、闵子骞、冉伯牛、仲弓，性也至孝之自然，皆不待谕而寤者也。其余则悱悱愤愤，若存若亡。唯曾参躬行匹夫之孝，而未达天子、诸侯以下扬名显亲之事，因侍坐而咨问焉。故夫子告其谊，于是曾子喟然知孝之为大也，遂集而录之，名曰《孝经》，与五经并行于世。逮乎六国，学校衰废。及秦始皇焚书坑儒，《孝经》由是绝而不传也。至汉兴，建元之初，河间王得而献之，凡十八章。文字多误，博士颇以教授。后鲁共王使人坏夫子讲堂，于壁中石函得《古文孝经》二十二章，载在竹牒，其长尺有二寸，字科斗形。鲁三老孔子惠抱诣京师，献之天子。天子使金马门待诏学士与博士群儒，从隶字写之，还子惠一通，以一通赐所幸侍中霍光。光甚好之，言为口实。时王公贵人咸神秘焉，比于禁方。天下竞欲求学，莫能得者。每使者至鲁，辄以人事请索。或好事者募以钱帛，用相问遗。鲁吏有至帝都者，无不赍持以为行路之资。故《古文孝经》初出于孔氏。而今文十八章，诸儒各任意巧说，分为数家之谊，浅学者以当六经，其大车载不胜，反云孔氏无《古文孝经》，欲蒙时人。度其为说，诬亦甚矣。吾愍其如此，发愤精思，为之训传，悉载本文，万有余言，朱以发经，墨以起传，庶后学者，睹正谊之有在也。今中秘书，皆以鲁三老所献古文为正。河间王所上虽多误，然以先出之故，诸国往往有之。汉先帝发诏称其辞者，皆曰"传曰"，其实《今文孝经》也。

昔吾逮从伏生论《古文尚书》谊。时学士会，云出叔孙氏之门，自道知《孝经》有师法。其说"移风易俗，莫善于乐"，谓为天子用乐，省万邦之风，以知其盛衰。衰则移之以贞盛之教，淫则移之以贞固之风，皆以乐声知之，知则移之。故云"移风易俗，莫善于乐"也。又，师旷云："吾骤歌南风，多死声，楚必无功"，即其类也。且曰："庶民之愚，安能识音，而可以乐移之乎？"当时众人金以为善。吾嫌其说迂，然无以难之。后推寻其意，殊不得尔也。子游为武城宰，作弦歌以化民。武城之下邑，而犹化之以乐，故传曰："夫乐，以关山川之风，以曜德于广远。风德以广之，风物以听之，修诗以咏之，修礼以节之。"又曰："用之邦国焉，用之乡人焉"，此非唯天子用乐明矣。夫云集而龙兴，虎啸而风起，物之相感，有自然者，不可谓毋也。胡笳吟动，马蹀而悲；黄老之弹，婴儿起舞。庶民之愚，愈于胡马与婴儿也？何为不可以乐化之！

经又云："敬其父则子说，敬其君则臣说"，而说者以为各自敬其为君父之道，臣子乃说也。余谓不然。君虽不君，臣不可以不臣；父虽不父，子不可以不子。若君父不敬，其为君父之道，则臣子便可以忿之邪？此说不通矣。吾为传，皆弗之从焉也。

（本文录自《古文孝经孔氏传》，文渊阁《四库全书》经部孝经类）

别录孝经
汉·刘向

古文字也。《庶人章》分为二也，《曾子敢问章》为三，又多一章，凡二十二章。

（本文录自《汉书》卷三十《艺文志》颜师古注引，中华书局，1962年，第1719页）

《汉书·艺文志》孝经类小序
汉·班固

《孝经》者，孔子为曾子陈孝道也。夫孝，天之经，地之义，民之行也。举大者言，故曰《孝经》。汉兴，长孙氏、博士江翁、少府后仓、谏大夫翼奉、安昌侯张禹传之，各自名家。经文皆同，唯孔氏壁中古文为异。"父母生之，续莫大焉""故亲生之膝下"，诸家说不安处，古文字读皆异。

（本文录自《汉书》卷三十《艺文志》，中华书局，1962年，第1719页）

敦煌本孝经序

汉·郑玄？

　　《孝经》者，鲁国先师姓孔，名丘，字仲尼。其父叔梁纥，后娶颜氏之女，久而无子，故祈于尼丘山，而生孔子。其首返宇，像尼丘山，故名丘，字仲尼。有圣德，应聘诸国，莫能见用。当春秋之末，文武道坠，逆乱兹甚，篡弑由生。皇灵哀末代之黔黎，愍仓生之莫救，故命孔子，使述六艺，以待命主。有飞鸟遗文书于鲁门，云："秦灭法，孔经存。"孔子既睹此书，悬车止聘。鲁哀公十一年自卫归鲁，修《春秋》，述《易》道，乃刊《诗》《书》，定礼乐，教于洙、泗之间，弟子四方之者三千余人，受业身通达者七十二人。唯有弟子曾参有至孝之性，故因闲居之中，为说孝之大理。弟子录之，名曰《孝经》。

　　夫孝者，盖三才之经纬，五行之纲纪。若无孝，则三才不成，五行僭序。是以在天则曰至德，在地则曰愍德，施之于人则曰孝德。故下文言，"夫孝者，天之经，地之义，人之行"，三德同体而异名，盖孝之殊途。经者，不易之称，故曰《孝经》。

　　仆避难于南城山，栖迟岩石之下，念昔先人，余暇述夫子之志，而注《孝经》。

　　（本文第一、二段，据敦煌遗书伯3698、2545、3372、3414、3416号等卷子过录整理；第三段录自《大唐新语》卷九"著述"所引郑玄《孝经序》）

孝德传序

南朝梁·梁元帝

　　夫天经地义，圣人不加。原始要终，莫逾孝道。能使甘泉自涌，邻火不焚，地出黄金，天降神女，感通之至，良有可称。

（本文录自《金楼子》卷五，文渊阁《四库全书》子部杂家类）

孝经述议序

隋·刘炫

盖玄黄肇判，人物伊始。父子之道既形，慈爱之情自笃。虽立德扬名，不逮中叶；而生爱死戚，已萌前占。洎乎驾龙乘土，法令渐章；迁夏宅殷，损益方极。莫不资父事君，因严教敬。移治家之志，以扬于王庭；推子谅之心，以被于天下。发于朝廷，施于州里，修于军旅，达于涂巷，曷尝非慈仁之教、孝弟之风哉。徒以太史马颊，俱泛积石之流；罗纨绮组，无复素丝之质。皇道帝化，因事立功；千品万官，随时作则。揖让周旋之仪，去礼已远；洒扫应对之节，离本更遥。泳其末而不践其源，股其道而未臻其极。百行孝为本也，孝迹弗彰；六经孝之流也，孝理更翳。五品不逊，尤亏大典；万物不睹，实启圣心。加以周道既衰，彝伦攸斁，王泽不下于民，群生莫知所仰。覆宗害父，窃国犯君；乱逆无纪，名教将绝。夫子乃假称教授，制作《孝经》；论治世之大方，述先王之要训。其意盖将匡颓运而追逸轨也，抑亦所以仁兴王而示高迹也。

孔子卒而大义乖，秦政起而群言丧。汉室龙兴，方乘购采；简有脱遗，字多摩灭。五经沉于闾里，俗说显于学官；闻疑传疑，得末行末。肇自许、洛，迄于魏、齐；各骋胸臆，竞操刀斧。璟言杂议，殆至百家；专门命氏，犹将十室。王肃、韦昭，差为佼佼；刘劭、虞翻，抑又其次。俗称郑氏，秽累尤多；譬彼四族，诬碎更甚。此诸家者，虽道有升降，势或盛衰，俱得藏诸秘府，行于世俗。安国之传，蔑尔无闻，以迄于今，莫遵其学。陆绩引其言，而不纂其业；荀昶得其本，而不觉其精。

　　炫与冀州秀才刘焯，俯挹波澜，追慕风彩；渴仰丕积，多历岁年。大隋之十有口载，著作郎王劭始得其书，远遣垂示。似火自上，如石投水；散帙披文，惊心动魄。遂与焯考正讹谬，敷训门徒。凿垣墉以开户牖，排榛薮以通轨躅。大河之北，颇已流行；于彼殊方，仍未宣布。终宴不疲，实唯我待；望屠而嚼，非无他士耶。聊复采经撦传，断长补短；纳诸规矩，使就绳墨。经则自陈管见，追述孔旨；传则先本孔心，却申鄙意。前代注说，近世解讲，残缣折简，盈箱累箧。义有可取，则择善而从；语足惑人，则略纠其谬。孔传之讹舛者，更无孔本，莫与比校，作《孝经稽疑》。郑氏之芜秽者，实非郑注，发其虚诞，作《孝经去惑》。其引书止取要证，或略彼文；其国讳谨别格，各存本字。庶遗彼后生，传诸私族，其讯予不顾，亦未如之何已矣。

　　问者曰：孔注《尚书》，文辞至简；及其传此，繁夥已极。理有溢于经外，言或出于意表。比诸《尚书》，殊非其类。且历代湮沉，于今始世，世之学者，咸用致疑。吾子暴露诸家，独遵孔氏必为真，请闻其要。

　　答曰：《尚书》帝典臣谟，相对之谈耳；训诰誓命，教诫之言耳。其文直，其义显，其用近，其功约。徒以文质殊方，谟雅诰悉；古今异辞，俗易语反。振其绪而深旨已见，诂其字而大义自通。理既达文，言足垂后。岂徒措辞尚简，盖亦求烦不获。《孝经》言高趣远，文丽旨深；举治乱之大纲，辨天人之弘致。大则法天因地，祀帝享祖；道洽万国之心，泽周四海之内；乃使天地昭察，鬼神效灵；灾害不生，祸乱不作；明王以之治定，圣德之所不加。小则就利因时，谨身节用；施政闺门之内，流恩徒役之下；乃使室家理治，长幼顺序；居上不骄，为下不乱；臣子尽其忠敬，仆妾竭其欢心。其所施者，牢笼宇宙之器也；其所述者，阐扬性命之谈也。辞则阃阈易路，而闺阁尤深；义则阶阤可登，而户牖方密。为传者将上演冲趣，下窍庸神；眒曒光于戴盆，飞泥蟠于天路；不得不博文以该之，缓旨以喻之。孔氏参订时验，割析毫厘，文武交畅，德刑备举。乃至管、晏雄霸之略，荀、孟儒雅之风；孙、吴权谲之方，申、韩督责之术。苟其萌动经意，源发圣心；莫不修其根本，导其流末。探颐索隐，钻幽洞微；穷道化之玄宗，尽注述之高致。犹尚藏于私室，蠹于枯简；历且千载，莫之或传。假使表之以高的，鸣之以建鼓；闻之者掩耳而走，见之者闭眼而逝。若使提纲举目，简言达旨，理寡义贫，辞多语纷；则将覆瓿之不暇，何弘道之可希？孔子之赞《易》也，《文言》多而《彖》《象》少；丘明之为《传》也，襄、昭烦而庄、闵略。圣贤有作，辞无定准；《书》《孝》之异，复何所嫌？其辞宏赡，理致渊弘，言出系表，义流旨外者，总逸定于中逵，控奔流于巨壑。或当驰骋逾垺，涛波溢坎耳。亦无骈拇枝指、附赘悬疣之累在其间也。

　　吾以幼少，佩服此经。凡是先儒，备经讨阅；未有殊尤绝迹，状华出群，可以鼓玄泽于上庠，腾芳风于来裔者也。悉皆辞鄙理僻，说迂义诞；格言沦于腐儒，妙旨翳于庸讷。或乃方于小学，废其师受；论道不以充经，选士不以应课；弃诸草野，同之传记；顾彼未议，实怀深愤。而天未丧斯，秘宝重出；大典昭晰，精义著明。斯乃冥灵应感之符，圣道缉熙之运；仰饮惠泽，退惟私幸。既逢此世，复觌斯文；羡彼康衢，忘兹弩蹇；思得撤云雾以廓昭临，凿龙门以写填阏。故拾其滞遗，补其弊漏；傅其羽翼，除其疥癣；续日月之末光，裨河海之余润。冀乎贻训后昆，增晖前绪；何事强诡俗儒，妄假先达。且君子所贵乎道者，贵其理义可尚，非贵姓名而已。以此孔《传》，校彼诸家；味其深浅，详其得失；三光九泉，未足喻其高下；嵩岳培塿，无以方其小大。侧视厚薄，不觉其倍；更问真伪，欲何所明？嗟乎！伯牙绝弦于钟期，卞和泣血于荆璞，良有以也。

　　（本文转录自《孝经述议复原研究》中译本附录《古文孝经孔传述议读本》，崇文书局，2016 年，第 333—336 页）

孝经序录

唐·陆德明

《孝经》者，孔子为弟子曾参说孝道，因明天子、庶人五等之孝，事亲之法。亦遭焚烬，河间人颜芝为秦禁藏之。汉氏尊学，芝子贞出之，是为今文。长孙氏、博士江翁、少府后苍、谏大夫翼奉、安昌侯张禹传之，各自名家，凡十八章。又有古文，出于孔氏壁中，别有《闺门》一章，自余分析十八章，总为二十二章，孔安国作传。刘向校书，定为十八。后汉马融亦作《古文孝经传》，而世不传。世所行郑注，相承以为郑玄。案《郑志》及《中经簿》无，唯中朝穆帝集讲《孝经》，云以郑玄为主。检《孝经》注与康成注五经不同，未详是非。江左中兴，《孝经》《论语》共立郑氏博士一人。《古文孝经》世既不行，今随俗用郑注十八章本。

孔安国、马融、郑众、郑玄、王肃、苏林字孝友，陈留人，魏散骑常侍、何晏字平叔，南阳人，魏吏部尚书、驸马都尉、关内侯、刘邵字孔才，广平人，魏光禄勋。一云刘熙、韦昭字弘嗣，吴郡人，吴侍中、领左国史、高陵亭侯，为晋讳，改为曜、徐整、谢万、孙氏不详何人、扬泓天水人，东晋给事中、袁宏字伯彦，陈郡人，东晋东阳太守、虞槃佑字弘猷，高平人，东晋处士、庾氏不详何人、殷仲文陈郡人，东晋东阳太守、车胤字武子，南平人，东晋丹阳尹、荀昶字茂祖，颍川人，宋中书郎、孔光字文泰，东莞人、何承天东海人，宋廷尉卿、释慧琳秦郡人，宋世沙门、王玄载字彦运，下邳人，齐光禄大夫、明僧绍。右并注《孝经》，皇侃撰义疏，先儒无为音者。

（本文录自《经典释文》，上海古籍出版社，2014 年影印国家图书馆藏宋刻本，第 57—58 页。书中原有缺字，据文渊阁《四库全书》《孝经注解传述人》补）

《隋书·经籍志》孝经类小序

唐·魏徵

夫孝者，天之经，地之义，人之行。自天子达于庶人，虽尊卑有差，及乎行孝，其义一也。先王因之以治国家，化天下，故能不严而顺，不肃而成。斯实生灵之至德，王者之要道。

孔子既叙六经，题目不同，指意差别，恐斯道离散，故作《孝经》，以总会之，明其枝流虽分，本萌于孝者也。遭秦焚书，为河间人颜芝所藏。汉初，芝子贞出之，凡十八章，而长孙氏、博士江翁、少府后苍、谏议大夫翼奉、安昌侯张禹，皆名其学。又有《古文孝经》，与《古文尚书》同出，而长孙有《闺门》一章，其余经文，大较相似，篇简缺解，又有衍出三章，并前合为二十二章，孔安国为之传。至刘向典校经籍，以颜本比古文，除其繁惑，以十八章为定。郑众、马融，并为之注。又有郑氏注，相传或云郑玄，其立义与玄所注余书不同，故疑之。梁代，安国及郑氏二家，并立国学，而安国之本，亡于梁乱。陈及周、齐，唯传郑氏。至隋，秘书监王劭于京师访得孔传，送至河间刘炫。炫因序其得丧，述其议疏，讲于人间，渐闻朝廷，后遂著令，与郑氏并立。儒者喧喧，皆云炫自作之，非孔旧本，而秘府又先无其书。又云魏氏迁洛，未达华语，孝文帝命侯伏侯可悉陵，以夷言译《孝经》之旨，教于国人，谓之《国语孝经》。今取以附此篇之末。

（本文录自《隋书》卷三十二《经籍志一》，中华书局，1973年，第934—935页）

论经义

《唐会要》

开元七年三月一日敕：《孝经》《尚书》有古文本，孔、郑注，其中旨趣，颇多踳驳，精义妙理，若无所归，作业用心，复何所适？宜令诸儒并访后进达解者，质定奏闻。

其月六日诏曰：《孝经》者，德教所先。自顷已来，独宗郑氏，孔氏遗旨今则无闻。又子夏《易传》，近无习者，辅嗣注《老子》，亦甚甄明，诸家所传，互有得失，独据一说，能无短长？其令儒官详定所长，令明经者习读，若将理等，亦可并行。其作《易》者，并帖子夏《易传》共写一部，亦详其可否，奏闻。时议以为不可，遂停。

其年四月七日，左庶子刘子玄上《孝经注议》，曰：谨案，今俗所行《孝经》，题曰郑氏注。爰自近古，皆云郑即康成，而魏晋之朝无有此说。至晋穆帝永和十一年及孝武帝太和元年，再聚群臣，共论经义。有荀昶者，撰集《孝经》诸说，始以郑氏为宗。自齐、梁以来，多有异论。陆澄以为非玄所注，请不藏于秘省。王俭不依其请，遂得见传于时。魏、齐则立于学官，著在律令。盖由肤俗无识，故致斯讹舛。然则《孝经》非玄所注，其验十有二条。据郑君《自序》云：遭党锢之事逃难，注《礼》。党锢事解，注《古文尚书》《毛诗》《论语》，为袁谭所逼，来至元城，乃注《周易》。都无注《孝经》之文，其验一也。郑玄卒后，其子弟追论师所注述，及应对时人，谓之《郑志》。其言，郑所注者，惟有《毛诗》《三礼》《尚书》《周易》，都不言郑注《孝经》，其验二也。又《郑志》目录，记郑之所注，《五经》之外，有《中候书传》《七政论》《乾象历》《六艺论》《毛诗谱》《答临硕难礼》《驳许慎异义》《发墨守》《箴膏肓》及《答甄然子等书》，寸纸片札，莫不悉载。若有《孝经》之注，无容匿而不言，其验三也。郑之弟子，分授门徒，各述师言，更相问答编录，其录

谓之《郑记》，唯载《诗》《书》《礼》《易》《论语》，其言不及《孝经》，
其验四也。赵商作《郑先生碑铭》，具称其所注笺驳论，亦不言注《孝
经》。晋《中经簿》，《周易》《尚书》《尚书中候》《尚书大传》《毛诗》《周
礼》《仪礼》《礼记》《论语》凡九书，皆云"郑氏注名玄"，至于《孝经》，
则称郑氏解，无名玄二字，其验五也。《春秋纬演孔图》云，康成注《三
礼》《诗》《易》《尚书》《论语》，其《春秋》《孝经》别有评论。宋均于
《诗谱序》云"我先师北海郑司农"，则均是玄之传业子弟也，师所著述，
无容不知。而云《春秋》《孝经》唯有评论，非玄之所注，于此特明，其
验六也。又宋均《孝经纬注》引郑《六艺论》叙《孝经》云"玄又为之注"。
司农论如是，而均无闻焉。有义无辞，令余昏惑。举郑之语，而云无闻，
其验七也。宋均《纬注》云"玄为《春秋》《孝经》略说"，非注之谓，
所言"玄又为之注者"，泛辞耳，非事实。《序春秋》亦云"玄又为之注
也"，宁可复责以实注《春秋》乎？其验八也。后汉史书存于世者，有
谢承、薛莹、司马彪、袁山松等，具为郑玄传者，载其所注，皆无《孝
经》，其验九也。王肃《孝经传》，首有司马宣王之奏，并奉诏令诸儒注
述《孝经》，以肃说为长。若先有郑注，亦应言及，而不言郑，其验十
也。王肃著书，发扬郑短，凡有小失，皆在圣证，若《孝经》此注亦出
郑氏，被肃攻击，最应烦多，而肃无言，其验十一也。魏晋朝贤辨论时
事，郑氏诸注无不撮引，未有一言引《孝经》之注，其验十二也。凡此
证验，易为考核，而世之学者，不觉其非，乘彼谬说，竞相推举，诸解
不立学官，此注独行于世，观夫言语鄙陋，固不可示彼后来，传诸不朽。
至如《古文孝经》孔传，本出孔氏壁中，语其详正，无俟商榷，而旷代
亡逸，不复流行，殊不可解。至开皇十四年，秘书学士王孝逸于京市陈
人处置得一本，送与著作郎王劭，以示河间刘炫，仍令校定，而更此书
无兼本，难可依凭。炫辄以所见，率意刊改，因著《古文孝经稽疑》一
篇，劭以为此书经文尽在，正义甚美，而历代未尝置于学官，良可惜也。

然则孔、郑二家，云泥致隔，今纶音发问，校其短长，愚谓行孔废郑，于义为允。又今俗所行《老子》是河上公注，其序云，河上公者，汉文帝时人，结草庵于河曲，乃以为号。所注《老子》授文帝，因冲空上天。此乃不经之鄙言，流俗之虚语。按《汉书·艺文志》，注《老子》者三家，河上所释无闻焉尔。岂非注者欲神其事，故假造其说耶？其言鄙陋，其理乖讹，岂如王弼所著《义旨》为优，必黜河上公、升王辅嗣，在于学者，实得其宜。又按《汉书·艺文志》，《易》有十三家，而无子夏作传者。至梁阮氏《七录》，而有子夏《易》六卷，或云韩婴作，或云丁宽作。然据《汉书·艺文志》，韩《易》有二篇，丁《易》有八篇，求其符合，则事殊毁刺者矣。岁越千龄，时经百代，其所著述，沈翳不行，岂非后来假凭先哲，亦犹石崇谬称阮籍、郑璞滥名周宝，必欲行用，深以为疑。臣窃以郑氏《孝经》、河上公《老子》二书，讹舛不足流行，孔、王两家，实堪师授，每怀此意，其愿莫从。伏见去月十日敕，令所司详定四书得失，具状闻奏。臣等寻草议，请行王、孔二书，牒礼部讫，如状为允，请即颁行。

国子祭酒司马贞议曰：《今文孝经》是汉河间王所得颜芝本，至刘向以此本参校古文，省除烦惑，定为此一十八章。其注相承云是郑玄所著，而《郑志》及《目录》等不载，故往贤共疑焉。唯荀昶、范煜以为郑注，故昶《集解孝经》，具载此注，而其序云："以郑为主"，是先达博选，以此注为优。且其注纵非郑氏所作，而义旨敷畅，将为得所。其数处小有非稳，实亦非爽经传。其古文二十二章，元出孔壁，先是安国作传，缘遭巫蛊，世未之行。荀昶《集注》之时，尚有孔传，中朝遂亡其本。近儒欲崇古学，妄作此传，假称孔氏，辄穿凿改更，又伪作《闺门》一章，刘炫诡随，妄称其善。且"闺门"之义近俗之语，非宣尼之正说。案其文云："闺门之内，具礼矣乎。严兄妻子臣，繇百姓徒役也"，是比妻子于徒役，文句凡鄙，不合经典。又分《庶人章》从"故自天子"以下别为一章，仍加"子曰"二字。然故者连上之辞，既是章首，不合言"故"。古人既亡，后人妄开此等数章，以应二十二章之数。非但经文不真，抑且传习浅伪。又注"因天之时，因地之利"，其略曰"脱衣就功，暴其肌体，朝暮从事，露发跣足，少而习之，其心安焉"，此语虽傍出诸子，而引之为注，何言之鄙俚乎！与郑氏所云"分别五土，视其高下，高田宜黍稷，下田宜稻麦"，优劣悬殊，曾何等级！今议者欲取近儒诡说，残经缺传，而废郑注，理实未可。望请准式《孝经》郑注，与孔传依旧俱行。

（本文录自《唐会要》卷七十七《贡举下·论经义》，中华书局，1955 年，第 1405—1409 页。个别字句据文渊阁《四库全书》本调整）

孝经序

唐·唐玄宗

朕闻上古，其风朴略。虽因心之孝已萌，而资敬之礼犹简。及乎仁义既有，亲誉益著，圣人知孝之可以教人也，故因严以教敬，因亲以教爱。于是以顺移忠之道昭矣，立身扬名之义彰矣。子曰："吾志在《春秋》，行在《孝经》。"是知孝者，德之本欤。

经曰："昔者明王之以孝理天下也，不敢遗小国之臣，而况于公、侯、伯、子、男乎！"朕尝三复斯言，景行先哲，虽无德教加于百姓，庶几广爱形于四海。嗟乎，夫子没而微言绝，异端起而大义乖。况泯绝于秦，得之者皆煨烬之末；滥觞于汉，传之者皆糟粕之余。故鲁史《春秋》，学开五传，《国风》《雅》《颂》，分为四诗，去圣逾远，源流益别。近观《孝经》旧注，踳驳尤甚。至于迹相祖述，殆且百家。业擅专门，犹将十室。希升堂者，必自开户牖；攀逸驾者，必骋殊轨辙。是以道隐小成，言隐浮伪。且传以通经为义，义以必当为主。至当归一，精义无二，安得不翦其繁芜，而撮其枢要也！

韦昭、王肃，先儒之领袖。虞翻、刘邵，抑又次焉。刘炫明安国之本，陆澄讥康成之注，在理或当，何必求人？今故特举六家之异同，会五经之旨趣，约文敷畅，义则昭然。分注错经，理亦条贯。写之琬琰，庶有补于将来。且夫子谈经，志取垂训，虽五孝之用则别，而百行之源不殊。是以一章之中，凡有数句，一句之内，意有兼明，具载则文繁，略之又义阙，今存于疏，用广发挥。

（本文录自《孝经注疏》，阮元校刻《十三经注疏》[清嘉庆刊本]，中华书局，2009 年影印，第 5520—5523 页）

御注孝经序
唐·元行冲

左散骑常侍军丽正殿循国史柱国武强县公开国公臣元行冲奉敕撰

大唐受命百有四年，皇帝君临之十载也，赫矣皇业！康哉帝道！万方宅心，四懊来墍。

握黄炎尧禹之契，钦日月星辰之序。提衡而运阴阳，法繇而张礼乐。车服必轨，声明偕度，所以振国容焉。仪宿赋班，详韬授律，所以清邦禁焉。配圆穹而比崇，匝环海而方大。无文咸秩，能事斯毕。惟德是经，惟刑之恤。笙镛穆颂，鳞羽晖祯，申耕籍以劝农，饰胶庠而训胄。优劳庶绩，缉熙睿图，听政之余，从容文史。缇绸裤竹，岳刌铜龙之殿；舒向严枚，云骧金马之闶。或散志篇述，或留情坟诰。以为孝者德之本，教之所由生。夫子谈经，文该旨赜；诸家所说，理蔼词繁。爰命近臣，畴咨儒学，搜章摘句，究本寻源。练康成、安国之言，铨王肃、韦昭之训，近贤新注，咸入讨论，分别异同，比量疏密，总编呈进，取正天心。每伺休间，必亲披校，涤除氛荟，搴撷菁华，寸长无遗，片善必举，或削以存要，或足以圆文，其有义疑，两存理翳，千古常情所昧，玄鉴斯通。则独运神襟，躬垂笔削，发明幽远，剖析毫厘，目牛无全，示掌非著，累叶坚滞，一朝冰释。乃敕宰臣曰："朕以《孝经》，德教之本也，自昔铨解，其徒实繁，竟不能核其宗、明其奥，观斯芜漫，诚亦病诸。顷与侍臣参详厥理，为之训注，冀阐微言，宜集学士儒官佥议，可否？"

于是左散骑常侍崇文馆学士刘子玄、国子司业李元瓘、著作郎弘文馆学士胡皓、国子博士弘文馆学士司马贞、左拾遗太子侍读潘元祚、前赞善大夫鄂王侍读魏处凤、大学博士郊王侍读郤享、大学博士陕王侍读徐英招、前千牛长史鄄王侍读郭谦光、国子助教郸王侍读范行恭、及诸学官等，并鸿都硕德、当代名儒咸集庙堂，恭寻圣义，捧对吟咀，探细反覆，至于再三，动色相欢，昌言称美曰："大义堙郁垂七百年，皇上识洞玄枢，情融系表，革前儒必固之失，道先王至要之源，守章疏之常，谈谓穷涯涘，睹蓬瀛之奥理，方谕高深，伏请颁传，希新耳目！"侍中安阳县男源乾曜、中书令河东县男张嘉贞等奏曰："天文昭焕，洞合幽微，望即施行，仁光来叶。"其序及疏并委行冲循撰。制曰："可。"

伏以经言简约，妙理精深，贵贱同珍，贤愚共习，故得上施黉塾，远披苍垠。至若象尼丘山坏，孔子宅美，曾参至孝之性，陈宣父述作之由，汉魏相沿，曾无异说，比经斟讨，略不为疑。凡诸发挥，序所作意，意既先见，今则不书。微臣朽老，猥职坟籍，思涂艰窒，才力昏无，震光曲临，推谢理绝，晞大明而挹耀，顾霄烛而知惭，勉课庸音，式遵明制，敢题经首，永赞鸿徽，云尔！

（本文录自光绪十年［1884］遵义黎氏校刊《古逸丛书》之五《覆卷子本唐开元御注孝经》卷首）

上石台孝经表

唐·李齐古

　　臣闻:《孝经》者, 天经地义之极, 至德要道之源, 在六籍之上, 为百行之本。自文宣既没, 后贤所注, 虽事有发挥, 而理甚乖舛。伏惟开元天宝圣文神武皇帝陛下, 敦穆孝理, 躬亲笔削, 以无方之圣, 讨正旧《经》, 以不测之神, 改作新注, 朗然如日月之照邈矣, 合天地之德, 使家藏其本, 人习斯文, 普天之下罔不欣戴。仍以太学王化所先,《孝经》圣理之本, 分命璧沼, 特建石台, 义展睿词, 书题御翰, 以垂百代之则, 故得万国之欢。今刊勒既终, 功绩斯著, 天文炳焕, 开七耀之光辉, 圣札飞腾, 夺五云之气色, 烟花相照, 龙凤沓起, 实可配南山之寿, 增北极之尊, 百寮是瞻, 四方取则。岂比《周官》之礼空悬象魏, 孔氏之书但藏屋壁! 臣之何幸, 躬睹盛事, 遇陛下兴其五孝, 忝守国庠, 率胄子歌其六德, 敢扬文教, 不胜抃跃之至。谨打石台《孝经》本, 分为上、下两卷, 谨于光顺门奉献两本, 以闻。臣齐古诚惶诚恐、顿首顿首、死罪死罪, 谨言。

　　天宝四载九月一日, 银青光禄大夫、国子祭酒、上柱国臣李齐古上表。特进、行尚书左仆射兼右相、吏部尚书、集贤院学士修国史、上柱国晋国公、臣林甫……文林郎行国子录事王思恭 (等三十六人)。

　　(本文录自《金石萃编》卷八十七"唐四十七", 叶一, 北京市中国书店, 1985 年影印)

孝经注疏序

宋·傅注

　　夫《孝经》者, 孔子之所述作也。述作之旨者: 昔圣人蕴大圣德, 生不偶时。适值周室衰微, 王纲失坠, 君臣僭乱, 礼乐崩颓。居上位者赏罚不行，居下位者褒贬无作。孔子遂乃定礼乐，删《诗》《书》，赞《易》道，以明道德仁义之源。修《春秋》，以正君臣父子之法。又虑虽知其法，未知其行，遂说《孝经》一十八章，以明君臣父子之行所寄。知其法者修其行，知其行者谨其法。故《孝经纬》曰："孔子云：欲观我褒贬诸侯之志在《春秋》，崇人伦之行在《孝经》。"是知《孝经》虽居六籍之外，乃与《春秋》为表矣！

先儒或云："夫子为曾参所说"，此未尽其指归也。盖曾子在七十弟子中，孝行最著。孔子乃假立曾子为请益问答之人，以广明孝道。既说之后，乃属与曾子。泊遭暴秦焚书，并为煨烬。汉膺天命，复阐微言。《孝经》河间颜芝所藏，因始传之于世。自西汉及魏，历晋、宋、齐、梁，注解之者迨及百家。至有唐之初，虽备存秘府，而简编多有残缺。传行者，唯孔安国、郑康成两家之注，并有梁博士皇侃义疏，播于国序。然辞多纰缪，理昧精研。至唐玄宗朝，乃诏群儒学官俾其集议，是以刘子玄辨郑注有十谬七惑，司马坚斥孔注多鄙俚不经。其余诸家注解，皆荣华其言，妄生穿凿。明皇遂于先儒注中采摭菁英，芟去烦乱，撮其义理允当者用为注解。至天宝二年，注成，颁行天下。仍自八分御扎，勒于石碑，即今京兆石台《孝经》是也。

成都府学主乡贡傅注奉右撰。

（本文录自《孝经注疏》，阮元校刻《十三经注疏》[清嘉庆刊本]，中华书局，2009 年，第 5517 页）

孝经注疏序
宋·邢昺

《孝经》者，百行之宗，五教之要。自昔孔子述作，垂范将来，奥旨微言，已备解乎注疏。尚以辞高旨远，后学难尽讨论。今特剪截元疏，旁引诸书，分义错经，会合归趣，一依讲说，次第解释，号之为讲义也。

（本文录自《孝经注疏》，阮元校刻《十三经注疏》[清嘉庆刊本]，中华书局，2009年，第5517页）

古文孝经指解序

宋·司马光

圣人言则为经，动则为法。故孔子与曾参论孝，而门人书之，谓之《孝经》。及传授滋久，章句浸差，孔氏之人畏其流荡失真，故取其先世定本，杂虞、夏、商、周之《书》及《论语》，藏诸壁中，苟使人或知之，则旋踵散失，故虽子孙不以告也。遭秦灭学，天下之书扫地无遗。汉兴，河间人颜芝之子得《孝经》十八章，儒者相与传之，是为今文。及鲁恭王坏孔子宅，而古文始出，凡二十二章。当是之时，今文之学已盛，古文排摈不得列于学官，独孔安国及后汉马融为之传。诸儒党同疾异，信伪疑真，是以历载数百而孤学沉厌，人无知者。隋开皇中，秘书学士王逸于陈人处得之，河间刘炫为之作《稽疑》一篇，将以兴坠起废，而时人已多讥笑之者。及唐明皇开元中诏议孔、郑二家，刘知幾以为宜行孔废郑，于是诸儒争难蜂起，卒行郑学。及明皇自注，遂用十八章为定。

先儒皆以为孔氏避秦禁而藏书，臣窃疑其不然。何则？世科斗之书，废绝已久。又始皇三十四年，始下焚书之令，距汉兴才七年耳。孔氏孙岂容悉无知者，必待恭王然后乃出？盖始藏之时去圣未远，其书最真，与夫他国之人转相传授历世疏远者，诚不侔矣！且《孝经》与《尚书》俱出壁中，今人皆知《尚书》之真，而疑《孝经》之伪，是何异信脍之可啖而疑炙之不可食也？嗟乎，真伪之明皭若日月，而历世争论不能自伸。虽其中异同不多，然要为得正，此学者所当重惜也。

前世中，《孝经》多者五十余家，少者亦不减十家。今秘阁所藏，止有郑氏、明皇及古文三家而已，其古文有经无传。案：孔安国以古文时无通者，故以隶体写《尚书》而传之，然则《论语》《孝经》不得独用古文，此盖后世好事者，用孔氏传本，更以古文写之，其文则非，其语则是也。

夫圣人之经高深幽远，固非一人所能独了。是以前世并存百家之说，使明者择焉，所以广思虑、重经术也。臣愚，虽不足以度越前人之胸臆、窥望先圣之藩篱，至于时有所见，亦各言尔志之义。是敢辄以隶写古文，为之《指解》。其今文旧注，有未尽者引而伸之，其不合者易而去之，亦未知此之为是而彼之为非。然经犹的也，一人射之不若众人射之，其为取中多也。臣不敢避狂僭之罪，而庶几于先王之道万一有所裨焉。

（本文录自《温国文正司马公集》卷六十四，上海商务印书馆《四部丛刊初编》缩本，182 册，第 479—480 页）

古文孝经说序

宋·范祖禹

《古文孝经》二十二章，与《尚书》《论语》同出于孔氏壁中。历世诸儒疑眩莫能明，故不列于学官。今文十八章，自唐明皇为之注，遂行于世。二书虽大同而小异，然得其真者古文也。臣今窃以古为据，而申之以训说，虽不足以明先王之道，庶几有万一之补焉。臣谨上。

（本文录自《孝经指解》，文渊阁《四库全书》经部孝经类）

孝经传序

宋·吕惠卿

　　此《孝经》者，昔孔子、曾子圣人论孝之善也，失教之□□论，万世相缘成法也。夫其德立于本，其教扬于外。五孝集于一性，则三才之德同一道，而正尊敬爱尽于□家，和美道于海外，睦顺□于终始，通于神明，故谓圣人之孝也。□若参知此而后为卿大夫……之于善也，则敬顺非教乎。夫参为人……至有守命七日不食。德教亦然，故不可离……权为顺解，不察于从。失哀而不动□，不至于毁。彼之丧□，故而不能救耶。此亦□□，非曾参故，万世相缘成法也。故起于三代，传而至今，秦之火莫能焚，魏（？）之佞何能乱，礼家才宗复为经，武夫村人闻知敬。故其言发自心，可受而尽施，天地人神之共佩，何不为也。若学者小王（？）（不）诵习，复常违其言而不论，则先王之治将尽，法岂可知乎。夫圣人之微言妙道，皆在于此也。心思□□，皇帝先志聿莫属。

　　□□之功赫，容颜敬顺，而能尽悦于二宫，严配明堂、宗祠，郊祀山川。明察，义皆能明。至德，道□□得。上复恭行，则守诸子者，亦承德教而达于士民，是……事也。惠卿实昔尝愁悔之余，为京留守，虽主一方，然思教事，分之当为也，是故以仲尼为本……圣主则当行，皆先王治孝之本意也。唯教□，后时皆光天下。察求上德，变时□治之，□于尽处，则辱臣愿足，此岂非乎。

　　绍圣二年十月 日，资政殿大学士、银（青）光禄大夫，知大名府事、北京留守司司录（？）、陪都劝农使、大名府宣慰（？）安抚使、兵马都监、大上护军、东平郡开国侯、食邑一千一百户吕惠卿序。

　　（本文录自陈炳应由苏联收藏之出土西夏文《孝经》回译的汉文，译文见陈氏《西夏文〈孝经〉研究》，收入陈氏《西夏文物研究》，宁夏人民出版社，1985 年，第 391—392 页。原卷有残缺和文字漫漶，翻译时则以"……"和"□"表示）

说斋孝经序

宋·唐仲友

　　孔子为曾参言孝道，门人录之为书，谓之《孝经》。更秦灭学，汉河间献王得之颜芝家，凡十八章。古文孔氏一篇，二十二章，本出屋壁。刘向校书，定著十八章。至于唐，诸儒说者且百家，孝明皇帝诏诸儒集议。刘知幾诋郑注，请行孔传。司马正（贞）非之，力申郑说。帝乃采集六家，自为之注，颁之天下，以十八章为定，元行冲为之疏。本朝邢昺增损之，力正义训诂，证引详矣。先正司马公、范公皆为《古文指解》，所发明益以通畅。

　　夫孝百行之本，学者所当先。圣人之言，简严易直，而天人备，固非一家所能究其说。故拾诸儒遗意，相与讲贯，务通理而不饰文学者，以筌蹄观之，庶几不悖先圣人之意。

　　《正义》云，按《孝经》遭秦坑焚之后，为河间颜芝所藏。汉初除挟书之律，芝子真始出之，长孙氏及江翁、后苍、翼奉、张禹等所说，皆十八章。及鲁共王坏孔子宅，得古文二十二章庶人章分为二，曾子敢问章分为三，又多《闺门》一章，孔安国作传。刘向校经籍，比量二本，除其烦惑，以十八章为定，而不列名。又有荀栩，集其录及诸家疏，并无章名。而《援神契》自天子至庶人五章，唯皇侃标其目，而冠于章首。今郑注见章名，岂先有改除，近人追远而为之也。郑注依古今，集详议，儒官连状，题其章名，乞加商量，遂依所请。

　　曾参，字子舆，孔子以为能通孝道，故受（授）之业，作《孝经》《史

（记）·〈仲尼〉弟子传》。至于迹相祖述，殆且百家。韦昭、王肃，先儒之领袖；虞翻、刘劭，抑又次焉；刘炫，明安国之本；陆澄，讥康成之注玄宗《序》；何休，注训《孝经》《论语》，皆经纬典谟（本传）。孝文皇帝欲广游学之路，《论语》《孝经》《孟子》《尔雅》，皆置博士。明帝自期门羽林之士，悉通《孝经》章句《后〈汉书〉·儒林序》。正（贞）观十四年，太宗观释奠于国子学，诏孔颖达讲《孝经》《礼乐志》。天宝三载，大赦，诏天下家藏《孝经》《唐〈书〉·玄宗纪》。

（本文录自宋章如愚《群书考索》前集卷八"六经门孝经类"，书目文献出版社，1992年影印国家图书馆藏明正德本，第73页）

孝经刊误后记

宋·朱熹

　　熹旧见衡山胡侍郎《论语说》，疑《孝经》引诗非经本文，初甚骇焉。徐而察之，始悟胡公之言为信，而《孝经》之可疑者不但此也。因以书质之沙随程可久丈，程答书曰："顷见玉山汪端明亦以为此书多出后人傅会。"于是乃知前辈读书精审，其论固已及，又窃窃自幸有所因述，而得免于凿空妄言之罪也。因欲掇取他书之言可发此经之旨者，别为外传如"冬温夏清昏定晨省"之类，即附始于事亲之传，顾未敢耳。淳熙丙午八月十二日记。

　　《孔丛子》亦伪书而多用左氏语者，但《孝经》相传已久，盖出于汉初左氏未盛行之时，不知何世何人为之也。《孔丛子》叙事至东汉，然其词气甚卑近，亦非东汉人作。所载孔臧兄弟往还书疏，正类《西京杂记》中伪造汉人文章《西京杂记》之缪，《匡衡传》注中颜氏已辨之，可考，皆甚可笑，所言不肯为三公等事以前书考之，亦无其实。

而《通鉴》皆误信之，其他此类不一，欲作一书论之，而未暇也。姑记于此云。

（本文录自《孝经刊误》，文渊阁《四库全书》经部孝经类）

读《孝经》

宋·黄震

汉兴，河间人颜芝之子得《孝经》十八章，是为《今文孝经》；鲁恭王坏孔子屋壁，得《孝经》二十二章，是为《古文孝经》。郑康成诸儒主今文，孔安国、马融主古文，而今文独行。唐明皇诏议二家孰从，刘知幾谓宜行古文，诸儒争之，卒亦行今文。明皇自注《孝经》，遂用今文十八章者为定本。我朝司马温公在秘阁，始专主《古文孝经》，作为《指解》而上之。至以世俗信伪疑真为言。

愚按：《孝经》一耳，古文、今文特所传微有不同。如首章今文云："仲尼居，曾子侍"，古文则云"仲尼闲居，曾子侍坐"；今文云："子曰：'先王有至德要道'"，古文则云："子曰：'参，先王有至德要道'"；今文云："夫孝，德之本也，教之所由生也"，古文则云："夫孝，德之本，教之所由生"。文之或增或减，不过如此，于大义固无不同。至于分章之多寡，《今文·三才章》"其政不严而治"与"先王见教之可以化民"通为一章，古文则分为二章；《今文·圣治章》第九"其所因者本也"与"父子之道天性"通为一章，古文亦分为二章，"不爱其亲而爱他人者"古文又分为一章。章句之分合，率不过如此，于大义亦无不同。古文又云"闺门之内，具礼矣乎！严父严兄。妻子臣妾，犹百姓徒役也"，此二十二字，今文全无之，而古文自为一章。与前之分章者三，共增为二十二。所异者又不过如此，非今文与古文各为一书也。若以今文为伪，而必以古文为真，恐未必然。

至晦庵朱先生，因衡山胡侍郎及玉山汪端明之言，就《古文孝经》作《孝经刊误》，以天子至庶人五章皆去"子曰"与引"诗云"之语，而并五章为一章。云疑所谓《孝经》者本文止如此，而指此为经，其余则移置次第而名之为传。并刊其用他书窜入者，如"孝，天之经，地之义"至"因地之义"为《春秋左氏传》载子太叔为赵简子道子产之言；如"以顺则逆"以下为《左氏传》所载季文子北宫文子之言；如"进思尽忠，退思补过"，亦《左传》所载士贞子之言。遂以《孝经》为出于汉初《左氏传》未盛行之前。且云："不知何世何人为之"。凡系先儒考《孝经》之异同如此。

愚按：《孝经》视《论语》虽有衍文，其每章引《诗》为断，虽与刘向《说苑》《新序》《列女传》文法相类，而孝为百行之本，孔门发明。孝之为义，自是万世学者所当拳拳服膺。他皆文义之细，而不容不考，至晦庵疏剔了然矣。"严父配天"一章，晦庵谓"孝之所以为大者，本自有亲切处，使为人臣子者皆有今将之心反陷于大不孝，此非天下通训而戒学者详之"，其义为尤精。愚按《中庸》以追王大王、王季为达孝，亦与此章"严父配天之孝"同旨，古人发言，义各有主，学者宜审所躬行焉。若夫推其事之至极，至于非其分之当，言如晦庵所云者，则不可不知也"今将"事见《公羊传》昭元年。

（本文录自《黄氏日抄》卷一，文渊阁《四库全书》子部儒家类）

季氏古文孝经指解详说后序

宋·楼钥

《古文孝经》，实吾夫子之旧。秦火之后，出于屋壁，而颜芝所藏十八章已先行于世，翼奉、张禹等五人，各自名家。古文惟孔安国、马融为之传，而又不显。隋开皇中刘炫为作《稽疑》一篇，已多讥笑。唐陆德明亦云，古文世既不行，随俗用郑康成注十八章本。独一刘知幾以为行孔而废郑，诸儒争辩蜂起，明皇亦以今本注而序之，书以八分，刻之经台，犹在长安，童而习之皆此也。司马文正公仅得古文于秘阁之藏，为之《指解》，尝以进仁宗、哲宗，而范太史祖禹继为之说。噫！自汉以来，何其好者之寡也。故信州使君季公，天资纯孝，笃学好古，尊敬此书，又为《详说》，不惟发明夫子之旨，又以文正公之解随文演畅，用意甚勤，辞亦详备。如爱敬可行于匹夫，而恶慢不可行于天子；如论忠顺之不可失，如不敢遗之，机甚微而其效甚大。又曰，要路云者，言所敬者寡所说者众也。曰至德云者，言所敬者广而所因者本也。皆有所启发，非苟然者。

绍熙五年七月，皇上践祚，有诏求贤，公以八月进此书，未几，中书舍人陈公傅良又为之缴进于经筵。初欲刻于广信而不及，公之子淇念此书之未行，将刊于家，求为后序。经曰，故自天子至于庶人，孝无终始而患不及者，未之有也。明皇注云，始自天子，终于庶人，尊卑虽殊，孝道同致，而患不能及者，未之有也，言他此理，故曰未者此说非也。古文小异，故自天子以下至于庶人，文正公则曰，始则事亲也，终则立身行道也，患谓祸败，言虽有其始，而无其终，犹不得免于祸败，而羞及其亲，未足以为孝也。季使君又以明皇之事证之，是矣。钥窃以为犹未为详且明，敢申言之。夫圣人一经可谓详矣，而其立教之要，专在此数语，孩提之童无不知爱其亲，是人之于孝未有无其始者，夫子所以为曾子谆谆言之，正欲人之有终也。夫子首以总言孝道，次分天子、诸侯、卿大夫、士、庶人之孝，大小之分，固自不同。而又于此谓孝道有始而无终，未有不及于祸患者，此则无有贵贱之别，后虽具述孝治、圣治之效，以至终篇。然其教人之最切，无过于此，上下一体，俱当尽心焉。明皇惟不知此所以不克其终，可不戒哉！篇末云：孝子之事亲终矣，止为丧祭之终，犹未为孝之终也。若所谓孝之终与此孝无终始之终，盖为立身行道，死而后已者也。故虽曾子既启足手，以其能全而归之，自以为知免矣。然而易箦一节，犹在其后。盖大夫之箦，犹非其正也。呜呼，圣人之言，可谓深切。而能有终者，亦岂易易乎！钥余生无几，深知兢惧，得正而毙，所愿加勉，故以告有志之士，且以补二公之说云。

（本文录自《攻媿集》卷五十一，文渊阁《四库全书》集部别集类）

龚氏孝经集义序

宋·真德秀

《孝经》一书，其行于世久矣。至于朱子，乃始分别经传。去后，儒之所傅益者，而经复完，然未暇发挥其义也。予友龚君栗，笃志好学，乃本朱子之意，采众说之长，而折衷之。又以生事葬祭之礼，见于他书者，汇而辑之，以为此经之羽翼。学者所疑，则设为问难，曲而畅之。于是圣门教人之微指，始了然无余蕴矣。

夫孝者，人心之固有也。古先圣王命冢宰降德于民者，不过以节文度数示之，而未尝言其义也。言其义，则始于孔子。盖三代以前，理道明风俗一，人皆晓然知孝之为孝。圣王在上设礼教以范防之，俾勿失而已。至孔子时，则异矣。观其告游夏者，犹恐以服劳能养为孝，则下乎游夏者可知，故不得不详其义以晓学者。今之世，视孔子之时则又异矣，虽名为士君子，有不知孝之为孝者，服劳能养且有愧焉，况其大者乎！况凡民之狃于敝俗者乎！龚君之为此书，欲为士者知孝之为孝，俯焉以尽其力而无不能孝之士；凡民有所观发，亦知孝之为孝，俯焉以尽其力而无不能孝之民；其用心岂不至矣乎！

予谓，长人者宜以此书颁之庠序，布之乡党，使为士者服习焉而力行，以先乎民，则吾邑之俗可变。推而达之，将天下之俗无不可变者，岂小补云哉！顾龚君于此用力甚勤，辞义之间虽若小有未莹，而其大指则炳然矣！故为之序，而切磋讲究之，庶以永其传云。

绍定五年十月壬辰友人真某序。

（本文录自真德秀《西山文集》卷二十九，文渊阁《四库全书》集部别集类）

评孝经
宋·陈骙

《孝经》之文简易醇正，蕴圣人之气象，揭六经之表仪。夷考其文，有所未谕。《三才章》首似撫子产言礼之辞子太叔对赵简子曰："闻诸大夫子产曰：'夫礼，天之经也，地之义也，民之行也。天地之经，而民实则之，则天之明，因地之性。'"《孝经》止三字不同。《圣治章》末似删文子论仪之语北宫文子对卫襄公曰："故君子在位可畏，施舍可爱，进退可度，周旋可则，容止可观，作事可法，德行可象。"《孝经》则曰："君子则不然，言思可道，行思可乐，德义可尊，作事可法，容止可观，进退可度"。《事君章》曰："进思尽忠，退思补过"，此乃士贞子谏晋景公之辞。《圣治章》曰："以顺则逆，民无则焉，不在于善，而皆在于凶德"，此乃季文子对鲁宣公之辞左氏《传》作"训""昏"（"度"）三字不同。圣人虽尚稽格言，不应雷同如此。岂作传者反窃经与？

（本文录自《文则》卷上，文渊阁《四库全书》集部诗文评类）

《孝经刊误》后序
宋·陆秀夫

《孝经》一书，古文不可得而考见矣，所可考者汉世《艺文志》颜氏、刘氏、司马氏编次之文而已，要之皆古文之旧也。秀夫幼而读之，莫觉其非，长而疑焉，涉猎载籍，罔非是是，莫敢有所与。既入仕，滥次西藏勾当，得朱元晦《刊误》一编而玩味之，夫然后心目之开朗，欣然若有所得。于是在馆诸同志，因元晦之议，从而删削次第之，然而敢以粟丝己意，妄有所参涉于其间，以得罪于先正。庶几是经灿然可复，而元晦刊正之功不泯，圣世以孝治天下之化，或不能无少助云。

（本文录自《经义考》卷二百二十六，中华书局，1998 年，第 1149 页）

孝经叙录

元·吴澄

《孝经》，汉《艺文志》：《孝经》古孔氏一篇二十二章，《孝经》一篇十八章，长孙氏、江翁、后苍、翼奉、张禹传之，各自名家，经文皆同。惟孔氏壁中古文为异。隋《经籍志》：《孝经》河间人颜芝所藏，汉初芝子贞出之。又有《古文孝经》与《古文尚书》同出，孔安国为传，刘向以颜本比古文，除其繁惑，而安国之本亡于梁。至隋秘书监王邵（劭），访得孔传，河间刘炫因序其得丧，讲于人间，渐闻朝廷。儒者皆云"炫自作之，非孔旧本"。邢昺《正义》曰：《古文孝经》，旷代亡逸，隋开皇十四年，秘书学生王逸于京市陈人处得本，送与著作郎王邵（劭），以示河间刘炫，仍令校定。炫遂以《庶人章》分为二，《曾子敢问章》分为三，又多《闺门》一章，凡二十二章，因著《古文孝经稽疑》一篇。唐开元七年，国子博士司马贞议曰：《今文孝经》是汉河间王所得颜芝本，至刘向以此校古文，定一十八章。其古文二十二章，出孔壁，未之行，遂亡其本。近儒辄穿凿更改，伪作《闺门》一章，文句凡鄙，又分《庶人章》从"故自天子以下"别为一章，以应二十二之数。朱子曰：旧见衡山胡侍郎《论语说疑》，《孝经》引《诗》非经本文，初甚骇焉，徐而察之，始悟胡公之言为信，而《孝经》之可疑者，不但此也。因以书质之沙随程可久丈，程答书曰：顷见玉山汪端明，亦以为此书多出后人傅会，于是乃知前辈读书精审，其论固已及此。又窃自幸有所因述，而得免于凿空妄言之罪也。又曰：《孝经》独篇首六七章为本经，其后乃传文，皆齐、鲁间儒纂取左氏诸书之语，为之传者，又颇失其次第。

澄曰：夫子遗言，惟《大学》《论语》《中庸》《孟子》，所述醇而不杂，此外传记诸书所载，真伪混淆，殆难尽信，《孝经》亦其一也。窃详《孝经》之为书，肇自孔、曾一时问答之语，今文出于汉初，谓悉曾氏门人记录之旧，已不可知。武帝时，鲁共王坏孔子宅，于壁中得《古文孝经》，以为秦时孔鲋所藏。昭帝时，鲁国三老始以上献，刘向、卫宏盖尝手校，魏晋已后，其书亡失。世所通行，惟《今文孝经》十八章而已。隋时，有称得《古文孝经》者，其间与今文增减异同，率不过一二字，而文势曾不若今文之从顺，以许慎《说文》所引及桓谭《新论》所言考证，又皆不合，决非汉世孔壁之古文也。宋大儒司马公，酷尊信之。朱子《刊误》亦据古文，未能识其何意。今观邢氏《疏说》，则古文之为伪审矣。又观朱子所论，则虽今文亦不无可疑者焉，疑其所可疑，信其所可信，去其所当去，存其所当存，朱子意也。故今特因朱子《刊误》，以今文、古文校其同异，定为此本，以俟后之君子云。

（本文录自《吴文正集》卷一，文渊阁《四库全书》集部别集类）

董鼎孝经大义序

元·熊禾

孔门之学，惟曾氏得其宗。曾氏之书有二，曰《大学》，曰《孝经》，经传章句大略亦相似，学以《大学》为本，行以《孝经》为先，自天子至于庶人一也。《尧典》一篇，《大学》《孝经》之祖也，自"克明峻德"以至"亲睦九族"，极而百姓之昭明，万邦之于变，《大学》之序也。孝之为道，盖已具于"亲睦九族"之中矣，何也？一本故也。自是，舜以克孝而徽五典，禹以致孝而叙彝伦。伊尹述成汤之德，一则曰立爱惟亲，二则曰奉先思孝，当时人纪之修孰大乎是？文、武、周公率是而行，上而宗庙之飨，下而子孙之保，宗支庶蕃，道化流衍。且二千余年，推其效，必至于四海之内人皆亲其亲、长其长，一鳞毛、一芽甲之微无不得所，而后为孝之极致。呜呼，二帝三王之教，可谓大矣！《孝经》一书，即其遗法也。

世入春秋，皇纲纽解，孔子伤之，三复"昔者明王孝治"之言，思之深，望之切矣。诚使天子公卿躬行于上，凡礼乐刑政之具壹是以孝为本，则斯道也，固天性之自然，人心之固有，一转移间，王道顾不易易乎。惜也，徒托之空言，而仅见于门人记录之书也。书存而道可举，虽不能行诸一时，犹可诏诸来世。今此经之可考者，不过汉《艺文志》而已。而其篇次，则颜注古文二十二章，孔壁所藏本也。今文一十八章，汉河间王所得颜芝本，而刘向之所参校者也。要之，出于汉儒傅会，皆非曾氏门人所记旧文矣。唐玄宗开元敕议意非不美，而司马贞浅学陋识，并以《闺门》一章去之，卒启玄宗无礼无度之祸，而其所制序文，至以礼为外饰之所，资仁义为后来之渐，有不知所谓因心之孝者。果何所因，而又何自而萌乎？学之不讲，德之不修，一至于此。

桓桓朱子，特起南夏，平生精力用功于《易》《四书》为多。至此书，则仅成《刊误》一编，注释大义，犹有所未及。噫，人子不可斯须忘孝，则此为天子至庶人一日不可无之书。章句已明，而文义犹阙，顾非一大欠事乎。盖尝有志汇集诸家传注，以明一经而未果。一日余友人新安胡庭芳挈其高弟番阳董真卿访余云谷山中，手携父书有《孝经大义》者，取而阅之，则其家君深山先生董君季亨父所辑也。其书为初学设，故其词皆明白易晓，熟玩之则其间义趣精深，又有非浅见谀闻所能窥者。辄为刊之鳌峰书塾，以广其传。此岂惟学者修身齐家之要，而有国有天下者亦岂能外是而他有化民成俗之道哉！噫，文公一用之于滕，而四方草偃风动；拓跋帝再用之于魏，至使邻国君臣耸动愧悔而不自已。生于其心，发于其政。今考二君行事，皆班班有三代之风，而况不止为滕、魏者乎！嗟夫，此经之废，盖千五百余年矣，悠悠天壤，人极未坠，岂无以二帝三王之心为心者，仁人心也。学所以求仁，而孝则行仁之本也。《语》曰，如有王者，必世而后仁。愚何幸，身亲见之。

岁在乙巳阳复之月，前进士武夷熊禾序，时大德之九年也。

（本文录自《孝经大义》卷首，文渊阁《四库全书》经部孝经类）

王勉孝经序

元·危素

《古文孝经》，出秦火之余，而颜芝子贞所献《今文孝经》十八章，已行于世，孔安国、马融为古文传，长孙氏、江公、后苍、翼奉、张禹乃说今文，刘向校书不以古文为是，故不列于学官。刘炫作《稽疑》不以今文为是。陆德明谓：古文世既不行，随俗用郑玄所注今文。司马贞力主玄注，惟刘知幾主安国传，于是党同伐异，争论蜂起。唐玄宗遂注今文，刻石长安，仍诏元行冲撰疏，自是以来祖述者几百人。宋司马文正公言，壁藏之时，去圣未远，作《古文孝经指解》，范太史、季信州、袁正肃公、近世导江张氏皆宗司马氏，而不从颜芝本。惟朱文公及会稽俞氏、临川吴氏两存之。

王缅之勉注书甚夥，晚乃用力于《孝经》，章分句析，条纪粲然。博考诸家之说，择其要者，梓而录之，而大要以朱氏为宗。嗟乎，以此书观之千载之下，而欲臆度县（悬）断于众说纷纷之中，非笃信精察者不能然也。孝之为行大矣，推而行之，其道溥矣，王君其善锡尔类者乎。王君，曹南人，仕至太医丞，老而勤学，尤可嘉已。

（本文录自《经义考》卷二百二十七，中华书局，1998 年，第 1155 页）

孝经集善序

明·宋濂

《孝经》一也，而有古、今文之异者，盖遭秦火之后，出于汉初颜芝之子贞者为今文，凡十八章，而郑玄为之注。至武帝时，得于鲁恭王所坏孔子屋壁者，为古文凡二十二章，而孔安国为之注。后世诸儒各骋意见，尊古文者则谓，孔传既出孔壁，语其详正无俟商確，揆于郑注，云泥致隔，必行孔废郑，于义为允。况郑玄未尝有注，而依仿托之者乎。尊今文者，则谓刘向以颜芝本参校古文，省除繁惑，而定为今文，无有不善，为之传者纵曰非玄所作，而义旨实敷畅。若夫古文并安国之注，其亡已久，世儒欲崇古学，妄撰孔传，又伪为《闺门》一章，文句凡鄙，不合经典，将何所取征哉！二者之论，虽莫之有定。然皆并存于时，各相传授。自唐玄宗注用今文，于是今文盛行，而古文几至废绝。宋司马温公始专主古文，撰为《指解》正之，且悯流俗信伪疑真，谆谆见于言辞之间。

以予观之，古、今文之所异者，特辞语微有不同，稽其文义，初无绝相远者。其所甚异，唯《闺门》一章耳。诸儒于经之大旨，未见有所发挥，而独断断然，致其纷纭若此，抑亦末矣。自伊洛之学兴，子朱子实起而继之，于是因衡山胡氏、玉山汪氏之疑，而就古文考定，分为经传，去其衍文及不合经旨者，千载是非，遂定于一。元室之初，吴文正公出于临川，又以今文为正，颇遵《刊误》章句，重加订定，而为之《训解》，其旨益明而无遗憾矣。东广孙君蒉，读而悦之，因增以诸家所注，名曰《孝经集善》，而其大义，则以朱子及吴公为之宗。蒉通经而能文辞，采择既精，而又发以己意，其书当可传诵。故余为疏历代所尚之异同，序于篇端。蒉字仲衍，洪武壬寅乡贡进士，今为织染局使云。

（本文录自《文宪集》卷五，文渊阁《四库全书》集部别集类）

孝经集义自序
明·余时英

昔者，夫子与群弟子论求仁者，不一而足。而于《论语》首篇，直以孝弟为为仁之本。《孟子》七篇，所撰无非仁义，要其实，总归于事亲、从兄。《大学》以孝者所以事君，为治国平天下之要。《中庸》亦以为政在于修身，而归之亲，亲为大。由是而观，则知《四书》固道德之蕴奥，若《孝经》一书，又所以立其本而养正焉者也。

英自童而习之，既长而益释其义，见其理博而条分，言近而旨远，服之靡敢失焉。然考其中似犹有增加离析，及多参差之语不可以思。最后，有得于朱文公先生《刊误》一书，为之分经、分传，及上下诸家传注，互有发明。于是始知先儒读书之精，先有得我心于数十百载之上者。辄不自量，竟将先儒诸说之已成者，搜而辑之，其大纲一宗文公《刊误》及余氏本再序章次为定，内之细释则收诸家传注，略为檃括，名之曰《集义》，藏之家塾，以训子弟。然予每念之往昔事二先人日，能尽其欢爱，勉加祗慎，则推之今日，所以接人与物者，往往亦由此出，而严威俨恪一有未除，则病根亦种种著见，此其一源千派，不可诬者。今欲即我所能，以达吾之所未能，而亲已不在矣。乌乎痛哉！后之为子弟者，其尚体予之意，以读是经，则知孝为百行之首，而竭力于因严致敬、因亲致爱二者，引而伸之，触类而长之，于以尽天经地义之懿笃始终之义，以安其亲，则一孝既立，百行自开。庶有以行仁义，施于政而达诸天下，岂徒为口耳之习也夫！

（本文录自《经义考》卷二百二十八，中华书局，1998 年，第 1161 页）

余氏孝经集义后序
明·赵镗

予童子时，初入家塾，先君授以《孝经》一帙，俾塾师授之章句，而口诵之，时漫不知省也。及长，稍知问学，取而心惟之，始悟是书关涉世教，与《大学》相表里。然《大学》自二程表章之后，朱子为之注释，今与诸书并列于学官，不知此书何以独阙如也！盖尝沈（沉）潜反覆而窃疑之。

夫圣人吐辞为经，立言为训，无枝辞无蔓说。今详经文，首统论孝之终始，中分论孝之散殊，而总结之于末。文势脉络，与《大学》同，固无俟于旁引曲证也，而乃参之于《诗》《书》之文，析之为闲断之语，遂使圣言洁静精微之全体，不获见于后世。乃若传文，则其语尤多可疑。如所释"至德要道""严父配天"之类，甚非圣经之本旨，拟之《大学》十传，其醇疵疏密又何其天渊悬隔也。岂秦火之后，汉儒掇拾煨烬而傅会以成之者与？久怀此疑，又恐其无从考证，而不免于妄言之罪也。及读中秘书，偶得朱子《孝经刊误》一编，不觉跃然曰：此足以破千古之疑，而孔、曾当时问答之蕴昭昭乎若发矇矣，甚哉朱子之有功于圣门也！然窃闻朱子于《刊误》之外，更欲掇取他书，别为外传，以发此经之旨，而乃竟不果焉。使至今读者，不能无为山一篑之叹。予近举以质诸谢君文谷，文谷即出见田公乃翁寒塘先生所著《集义》示予，曰："此不足为《孝经》外传耶！"予受而读之，宏纲大要，一以《刊误》为宗，间出己见，为之更定大义，以附于后。中间注释，则取诸家传注而折衷之，亦如诸书之集注。然乃知朱子之所未及为者，先生固已为之，真可谓上继其志，而庶几于外传之作者矣。然则朱子固有功于孔门，而先生不有功于朱子哉！

　　镗不敏，童而习之，至白首而其疑始释，又得藉是以自逭妄言之罪，讵非先生之功哉！然先生之自叙也，戚然有感于亲之不在，镗之情与先生无以异者。故因文谷之授简也，特详著其说于后，而因重有感焉。

　　（本文录自《经义考》卷二百二十八，中华书局，1998年，第1161页）

孝经叙录自序

明·归有光

　　《孝经》一篇，十八章，河间颜芝所藏，子贞出之。《孝经》古孔氏一篇，二十二章，孔氏壁中所藏，鲁三老献之。汉世传《孝经》有长孙氏、江氏、后氏、翼氏四家，而古文绝无师授。至刘向校定并除，卒以十八章为定。魏晋以后，王肃、韦昭、谢万、徐整之徒，注者无虑百家，莫有言古文者。盖古文并于十八章，而孔氏之别出者，废已久矣。隋刘炫始自离析增衍，以合二十二章之数，著《稽疑》一篇，当时遂以为孔传复出，而儒者固已哗然，谓炫自作。炫又伪造《连山》《鲁史》等百卷，则炫之书又可信哉？故尝以《古文孝经》与《古文尚书》俱自孔氏，而废兴隐见于汉隋之际，其迹略同，而其可疑一也。晋穆帝永和十一年及孝武太元元年，再聚群臣，共论经义。荀昶撰进《孝经诸说》，以郑氏为宗，其后陆澄谓为非玄所注。唐开元七年，诏群臣集议，史官刘子玄遂请行孔废郑，夫子玄以为非郑之注可矣，因欲以废经，而用刘炫之古文，岂不过哉！当是时，儒者尽非子玄，天子卒自注，定从十八章，仍八分御札勒于石碑，世谓之石台《孝经》。宋咸平中，诏邢昺、杜镐等依以为讲义，而司马温公《指解》犹尊用古文，其意诋今文为他国疏远之伪书，盖见新罗、日本之别序，而近忘京兆之石台也。元吴文正公，始斥古文之伪，因朱子《刊误》，多所更定。今予一从石本，独其章名，乃梁博士皇侃之所标，非汉时之所传，故悉去之。予又著其说曰：大哉，孝之道，非圣人莫之知也。昔孔子尝不对或人之问禘矣，其言明王之以孝治天下，至于刑四海、事天地，言大而理约，岂非极万殊一本之义，意其所以告曾子者如此哉。虽然，其书非孔氏之旧也，宋元大儒固卓然独见于千载之下，以破诸儒之惑矣。然其所去者是矣，而所存者又未必纯乎孔氏之旧也，则莫若俱存之。自秦火之后，诸儒区区掇拾而文艺之全者鲜矣，非孔子复生，莫之能复也。今世所存，如《孝经》《家语》大小戴之《记》，要以为有圣人之微言，故莫若俱存之，而待学者之自择也。

（本文录自《震川集》卷一，文渊阁《四库全书》集部别集类）

孝经衍义自序

明·吕维祺

愚既注《孝经本义》，已复栉比诸家之同异出入，孔传已亡，郑说无征，唐注浮谫，邢疏繁芜，学士莫知所宗。迨夫涑水《指解》、紫阳《刊误》，庶几学者之津筏，而疑非定笔。他如董广川、程伊川、刘屏山、范蜀公、真西山、陆象山、钓沧子、宋景濂、罗近溪诸君子，亦各有所发明，而或鲜诠释。又如吴临川、董都阳、虞长孺、蔡宏甫、朱周翰、孙本、朱鸿诸家，各有注行世，然或是古非今，分经列传，牵合附会，改易增减，亦失厥旨。乃掯摭群书，又四年，成《大全》若干卷，冠以《义例》羽翼，引证姓氏节略若干卷，附以孔、曾论孝、曾子孝言、曾子孝行、曾子论赞及宸翰、入告、述文、纪事、识余若干卷，盖欲明孔子作经之意，为明王以孝治天下，而发其义理。乙亥，履端业已缮写为表上之，会以恩放归出不果，深山之暇，闲简原草，重加笺订，而《孝经或问》成，尚有续著《衍义》《图说》《外传》等若干卷，俱藏诸笥，以训子弟及门之士云尔。崇祯戊寅端月。

（本文录自《经义考》卷二百二十九，中华书局，1998 年，第 1165—1166 页）

孝经集传自序

明·黄道周

臣观《孝经》者，道德之渊源，治化之纲领也。六经之本，皆出《孝经》，而小戴四十九篇、大戴三十六篇、《仪礼》十七篇，皆为《孝经》疏义。盖当时师、偃、商、参之徒，习观夫子之行事，诵其遗言，尊闻行知，萃为礼论，而其至要所在，备于《孝经》。观戴《记》所称，君子之教也，及送终时思之类，多绎《孝经》者。盖孝为教本，礼所由生，语孝必本敬，本敬则礼从此起，非必《礼记》初为《孝经》之传注也。

臣绎《孝经》微义有五、著义十二。微义五者，因性明教一也，追文反质二也，贵道德而贱兵刑三也，定辟异端四也，韦布而享祀五也。

此五者，皆先圣所未著，而夫子独著之，其文甚微。十二著者，郊庙、明堂、释奠、齿胄、养老、耕耤、冠昏、朝聘、丧祭、乡饮酒是也。著是十七者，以治天下，选士不与焉，而士出其中矣。天下休明，圣主尊经循是而行之，五帝三王之治犹可以复也。

（本文录自《孝经集传》，文渊阁《四库全书》经部孝经类）

孝经疏义进表
明·江旭奇

臣惟享祚之久，三代之中无如周，三代以下无如汉。周之文、武止孝达孝尚矣，汉之列宗庙号皆有孝字。盖立爱惟亲，爱其亲而爱他人，上下常相保之术也。孔子曰："行在《孝经》。"汉孝宣时疏广疏受以之训储，孝章时介胄皆通《孝经》，孝灵时向栩言"北向读《孝经》，贼自消灭"，隋苏威言"惟《孝经》一卷，足以立身治国，何用多为？"隋主纳其言，以《孝经》赐郑译。《孝经》原有《闺门》一章，唐司马贞讳之，遂为马嵬之兆。周宾兴六行曰："孝、友、姻、睦、任、恤，齐内政。"公问："卿子之乡有孝于父母者？有则以告，有而不告谓之蔽明。"汉元朔间，有司议不举孝以不敬论。唐制举明经，《孝经》为九经之首。宋诏察孝弟力田，而明经仍唐制。我太祖高皇帝谕：俗首孝顺父母，亦有孝弟、力田、通经、孝廉等科。后来广辑经书《大全》，发题试士，《孝经》偶遗，实有待于皇上也。臣敢以师说《疏义》进呈，伏乞敕下礼部，会集儒臣，补成《孝经大全》，考试发题，使万世皆仰盛典，臣不胜惶悚待命之至。

（本文录自《经义考》卷二百三十，中华书局，1998年，第1168页）

御注孝经序
清·清世祖

朕惟孝者，首百行，而为五伦之本。天地所以成化，圣人所以立教，通之乎万世而无敉，放之于四海而皆准，至矣哉，诚无以加矣！然其广大，虽包乎无外，而其渊源实本于因心。溯厥初生，咸知孺慕，虽在颛蒙即备天良，故位无尊卑、人无贤愚，皆可以与知而与能。是知孝者，乃生人之庸德，无甚玄奇，抑固有之秉彝，非由外烁。诚贵乎笃行，而非语言之间所得而尽也。虽然降衷之理，固根于万民之心，而觉世之功，必赖夫圣人之训。苟非著书立说，以迪天性自然之善，抒人子难已之情，使天下之人晓然于日用之恒行，即为大经大法之所存，而敦行不怠，以全其本始。夫亦孰由知孝之要、尽孝之详，以无忝所生也哉！此孔子《孝经》之书所由作也。

朕万几之暇，时加三复，自《开宗明义》迄于终篇，见其言近而旨远，理约而该博。本之立身以行道，推之移风而易俗。爱敬所著，公卿士庶皆得循分以承欢；感应所通，东西南北罔不渐被而思服，诚万世不刊之懿矩，百圣不易之格言。自天子以至于庶人不可一日阙者。夫子所谓"吾志在《春秋》，行在《孝经》"，良有以也。

自汉以来，去圣日远，诠释滋多，厥旨浸晦。孔安国尚古文，郑玄主今文，互有异同，各矜识解。魏晋而降，诸儒群兴，析疑阐奥，代不乏人。源流攸分，不无繁芜。迨及开元，更立注疏，亦既萃一代之菁英，垂表章于奕世矣。而详略或殊，讵云至当？宋之邢昺、元之吴澄辈标新领异，间有发挥。然揆之美善，或未尽焉。至于明季著述纷纷，或拾前贤之绪余文其谫陋，或摘古人之纰缪肆彼讥弹，不知天怀既薄，学问复疏，因心之理，未明空文之多，奚补其于作经之意，均未当耳。

夫亲恩罔极，高厚难酬，德至圣人，犹虞未尽，同为人子，孰不佩至教而兴永锡之感乎！然则训诂未确，渐摩弗力，欲其相观而善，厥路无由。朕为此虑，爰集古今之注，更互考订，其得中而繁者采辑之，其妄逞而臆说者删除之。譬诸沙砾既披，美镠始出；稂莠尽剪，嘉禾乃登。至若流览之余，时获一是，或足以补未发之蕴者，辄为增入，聊备参观。总以孝之为道甚大而平，故不必旁求隐怪，用益高深，夸示繁缛，徒滋复赘。惟以布帛菽粟之言，昭广大中正之理，虽未知于作者之旨，能尽吻合可无柄凿与否。然而前代诸儒之书瑕瑜难掩，与夫近代群言之失淆乱不稽者，于兹正之。庶几发蒙启锢，四方亿兆，咸知效法，而允迪共底于大顺之休焉！夫如是，将见至德要道由此而广，和睦无怨由此而成矣。

顺治丙申仲春望日序。

（本文录自《皇朝（清）文献通考》卷二百十六"经籍考六"）

进《孝经衍义》札子

清·张能麟

臣闻百行之原，莫大乎孝，故孔子之言曰："我志在《春秋》，行在《孝经》。"盖孝也者，天地之心也，生民之望也，圣学之脉也，治世之准也。而《孝经》之传，所以为天地立心，为生民立命，为往圣继绝学，为万世开太平；诚六经之总会，王道之渊泉也。

表章是经者自《援神契》《钩命诀》《元命苞》诸纬，以至孔氏、郑氏、刘知幾、司马光、朱子、邢昺之徒，校雠疏注亦既明备矣。范镇进之讲筵，帖木译以国字，亦既颁行矣。然而历代宗授不同，各遵古文、今文之小异，而依经解义，未有举其纲领，理其条目，分类而推广之者。

臣伏读宋真德秀《大学衍义》及明丘濬《衍义补》，其书弁以圣贤之典训，证以今古之事迹，附以诸儒之发明，大而简，细而详，有裨治道，无出其右。伏遵明旨，已将《大学衍义》式训多士矣。而《孝经》义类弘深，未有发明，其何以敷扬圣教，仰赞至治哉？臣不揣愚陋，僭为采辑，仿《衍义》体，分列四则：一曰孝序，本末始终之序也；二曰孝统，自天子以至于庶人之统也；三曰孝治，以孝为治广教化也；四曰孝行，纪古孝子之行也。此四者为纲，其中依类而广之，凡为目六十八，分四十七卷，虽不足阐明天经地义之精微，然而民彝物则之大，亦藉援引圣贤经史之言，而条列之矣。

　　刍荛一得之见，岂有助于圣明？第一片愚忠，不胜负暄欲献之志。伏遇陛下为尊为养，大孝比之虞舜，尽伦尽制，达孝媲乎武周，方将孝治天下，化及四海，臣敢不仰体圣心！谨上《孝经衍义》，以表圣朝垂教之至意。伏乞准臣投进于万几之暇，俯赐乙夜之览，固微臣之幸，亦世道之幸也。臣不胜恳悃愿效之至！

　　顺治十四年。

　　（本文录自王重民《中国善本书提要》经部孝经类，上海古籍出版社，1983年，第33页）

御制孝经衍义序
清·清圣祖

　　朕缅惟：自昔圣王以孝治天下之义，而知其推之有本，操之有要也。夫孝者百行之源、万善之极。《书》言"奉先思孝"，《诗》言"孝思维则"，明乎为天之经、地之义，人性所同。然振古而不易，故以之为己则顺而祥，以之教人则乐而易从，以之化民成俗则德施溥而不匮。帝王奉此以宰世御物，躬行为天下先，其事始于寝门视膳之节，而推之于配帝飨亲觐光扬烈，诚万民而光四海，皆斯义也。

孔子教孝之言，散见于六籍，而统会于《孝经》。曾子以纯孝亲承斯训，其词约，其指远，条贯终始，综括群论，言孝之义于斯为备。自颜芝藏本出于汉初，考注笺释代有其人，如孔安国、郑康成、皇侃、邢昺辈，无虑百余家。大约皆训诂章句，辨论古今文同异，而求其推扩义蕴，达之于万事万物，而皆莫出其范围者，则尚未之备也。

世祖章皇帝，弘敷孝治，懋昭人纪，特命纂修《孝经衍义》，未及成书。朕缵承先志，诏儒臣搜讨编辑，仿宋儒真德秀《大学衍义》体例，征引经史诸书，以旁通其说。窃以仲尼称"至德要道，以顺天下"，又曰"教之所由生"，而后详列天子、诸侯、卿大夫、士、庶人之五孝，此则一经之大旨，亦犹《大学》之言明德、新民、格致、诚正、修齐治平也。是故衍至德之义，则仁、义、礼、智、信之说备矣；衍要道之义，则父子、君臣、夫妇、昆弟、朋友之伦备矣；衍教所由生之义，则礼、乐、政、刑之属备矣；衍五孝而皆以爱敬为本，明贵贱之所同也；由天子之敬亲推之，则郊丘、宗庙、典礼之义备矣；由天子之爱亲推之，则仁民、育物、抚绥、爱养之义备矣。无非敬也，无非爱也，即无非孝也。递而至于诸侯之不骄不溢、卿大夫之法服法言法行、士庶人之忠顺事上谨身节用，何一非爱敬之义？推而极之，通于神明，贯乎天地，夫宁有涯际乎哉！

书成凡一百卷，镂版颁行，并制叙言冠于简端。庶几嘉与海内共遵斯路，家修子弟之职，人奉亲长之训，协气旁流，休风四达，以成一代敦厚鸿庞之治。斯则朕继述先烈尊经崇本之志也夫！

康熙二十九年四月二十四日。

（本文录自《御定孝经衍义》"御制序"，文渊阁《四库全书》子部儒家类）

御纂孝经集注序

清·清世宗

《孝经》者，圣人所以彰明彝训，觉悟生民，溯天地之性，则知人为万物之灵，叙家国之伦，则知孝为百行之始。人能孝于其亲，处称惇实之士，出成忠顺之臣，下以此为立身之要，上以此为立教之原，故谓之至德要道。自昔圣帝哲王宰世经物，未有不以孝治为先务者也。

恭惟圣祖仁皇帝，缵述世祖章皇帝遗绪，诏命儒臣，编辑《孝经衍义》一百卷，刊行海内，垂示永久。顾以篇帙繁多，虑读者未能周遍，朕乃命专译经文，以便诵习。

夫《孝经》一书，词简义畅，可不烦注解而自明。诚使内外臣庶，父以教其子，师以教其徒，口讽其文，心知其理，身践其事，为士大夫者能资孝作忠、扬名显亲，为庶人者能谨身节用、竭力致养家庭，务敦于本，行间里胥向于淳风。如此则亲逊成化，和气薰蒸，跻比户可封之俗，是朕之所厚望也夫！

（本文录自《御纂孝经集注》，文渊阁《四库全书》经部孝经类）

重刻古文孝经序

日·太宰纯

先王之道，莫大于孝。仲尼之教，莫先于孝。自六经而下，无非孔氏遗书，其有出《孝经》之右者乎？何以言之？天下无有无父母之人故也。

《孝经》有二本。其一，河间王所得十八章者，谓之今文。其一，鲁共王坏孔壁所得竹牒科斗文二十二章者，孔安国所为作传，谓之古文。安国曰："今文十八章，文字多误。"又曰："河间王所上虽多误，然以先出之故，诸国往往有之。汉先帝发诏称其辞者，皆言'传曰'，其实《今文孝经》也。"由是观之，《今文孝经》之行也已久矣。古文者，虽安国为之训传，盖当时未之行也。迨乎汉季，马季长拟作《忠经》十八章，效《今文孝经》也。郑康成注《孝经》，亦其今文者也。自是厥后，《今文孝经》之行弥盛，而古文亦与之俱行。至唐明皇亲注《孝经》，虽兼取孔、郑二家之说，然其经则用今文，取其阙《闺门章》也。于是，《古文孝经》遂废不行。至宋邢昺依明皇御注作《正义》，然后《孝经》唯御注本行于世，郑注遂亡，《古文孝经》亦亡其传文，而仅存其经文。宋人尊信《孝经》者，莫若司马温公，然特得古文本经而读之耳，不睹孔传也。自二程至朱熹氏，皆疑《孝经》，以为后人所拟作。朱子又妄改易本经篇章，著为经一章、传十四章，且删去其本文二百余字。孔子曰"信而好古"，若朱子者可谓拂矣！自是以来，学朱氏者举不信《孝经》，塾师不以为教，至令童子辈目弗见《孝经》。悲夫！先王之道，莫大于孝；仲尼之教，莫先于孝。夫子不曰乎"吾志在《春秋》，行在《孝经》"？是以后世人主，不读书则已，苟读书者必自《孝经》始，况下焉者乎！今朱氏之徒，不读《孝经》而学心法，其不为浮屠之归者几希！

夫古书之亡于中夏而存于我日本者颇多。宋欧阳子尝作诗称："逸《书》百篇今尚存。"昔僧奝然适宋，献郑注《孝经》一本于太宗，司马君实等得之大喜云：今去其世七百有余年，古书之散逸者亦不少，而孔传《古文孝经》全然尚存于我日本，岂不异哉！予尝试检其书，古人所引孔安国《孝经》传者，及明皇御注之文，邢昺以为依孔传者毕有，特有一二字不同耳，得非传写之互讹乎！先儒多疑孔传，以为后人伪造者，予独以为非。

《经》曰："身体发肤，受之父母，弗敢毁伤，孝之始也。"诸家解皆以为孝子不得以凡人事及过失毁伤其身体，孔传乃以为刑伤。盖三代之刑，有劓、刖及宫非伤身乎！荆非伤体乎！髡非伤发乎！墨非伤肤乎！以此观之，孔传尤有所当也。王仲任亦尝诵是经文而曰："孝者，怕入刑辟，刻画身体，毁伤发肤，少德泊行，不戒慎之所致也。"合而观之，可以见古训焉。如从诸家说，则忠臣赴君难者不避水火兵刃，节妇有断发截鼻者，彼皆为不孝矣？是说不通也。余故曰：孔传者，安国所作无疑也。或曰《尚书》之文，奇古难读，安国传之，其言甚简。《孝经》之文平易，安国传之，乃不厌繁文，何也？曰：传《尚书》者为学士大夫也，故不尽其说，使读者思而得之；传《孝经》者为凡人也，故丁宁其言，以告谕之。此其所以不同也。

呜呼！夫孝者，百行之本，万善之先，自天子至庶人，所不可以一日废也。夫孝不可以一日废，则《孝经》亦不可以一日废也。夫自朱氏之学行，而《孝经》久废于世，纯常慨焉！

幸孔壁《古文孝经》并与安国之传存于我日本者，宁不知珍而宝之哉！惟是经国人相传之久，不知历几人书写，是以文字讹谬，鱼鲁不辨，纯既以数本校雠，且旁及他书所引，若释氏所称述，苟有足征者，莫不参考，十更裘葛，乃成定本。其经文与宋人所谓古文者，亦不全同。今不敢从彼改此，盖相承之异，未必宋本之是而我本之非也。传中间有不成语，虽疑其有误，然诸本皆同，无所取正，故姑传疑以俟君子。今文唐陆元朗尝音之，古文则否。今因依陆氏音例，并音经传，庶乎令读者不误其音矣。书成而欲刻之家塾，则浅田思孝出其橐装以助费，遂趣命工从事，予未能为吾家孝子，且为孔氏忠臣云尔。

日本享保十六年辛亥（1731）十一月壬午太宰纯谨序。

（本文录自《古文孝经孔氏传》，文渊阁《四库全书》经部孝经类，并参考胡平生《孝经译注》附录）

《四库全书总目》孝经类序

清·纪昀等

　　蔡邕《明堂论》引魏文侯《孝经传》,《吕览·审微篇》亦引《孝经》诸侯章, 则其来古矣。然授受无绪, 故陈骙、汪应辰皆疑其伪。今观其文, 去二戴所录为近, 要为七十子徒之遗书。使河间献王采入一百三十一篇中, 则亦《礼记》之一篇, 与《儒行》《缁衣》转从其类。惟其各出别行, 称孔子所作, 传录者又分章标目, 自名一经。后儒遂以不类《系辞》《论语》绳之, 亦有由矣。中间孔、郑两本, 互相胜负, 始以开元御注用今文, 遵制者从郑。后以朱子《刊误》用古文, 讲学者又转而从孔。要其文句小异, 义理不殊, 当以黄震之言为定论_语见《黄氏日钞》。故今之所录, 惟取其词达理明, 有裨来学, 不复以今文、古文区分门户, 徒酿水火之争。盖注经者明道之事, 非分朋角胜之事也。

　　(本文录自《四库全书总目》经部孝经类, 中华书局,1965 年, 第263 页)

《孝经正义》提要

清·纪昀等

　　唐元宗明皇帝御注, 宋邢昺疏。案:《唐会要》开元十年六月, 上注《孝经》, 颁天下及国子学。天宝二年五月, 上重注, 亦颁天下。《旧唐书·经籍志》《孝经》一卷, 元宗注。《唐书·艺文志》今上《孝经制旨》一卷, 注曰元宗。其称"制旨"者, 犹梁武帝《中庸义》之称"制旨", 实一书也。赵明诚《金石录》载, 明皇注《孝经》四卷。陈振孙《书录解题》亦称, 家有此刻, 为四大轴, 盖天宝四载九月以御注刻石于太学，谓之《石台孝经》，今尚在西安府学中，为碑凡四，故拓本称四卷耳，元宗《御制序》末称，一章之中凡有数句，一句之内义有兼明，具载则文繁，略之则义阙，今存于疏，用广发挥。《唐书·元行冲传》称，元宗自注《孝经》，诏行冲为疏，立于学官。《唐会要》又载，天宝五载，诏《孝经》书疏虽粗发明，未能该备，今更敷畅，以广阙文，令集贤院写颁中外。是注凡再修，疏亦再修。其疏，《唐志》作二卷，《宋志》则作三卷，殆续增一卷欤！宋咸平中，邢昺所修之疏，即据行冲书为蓝本。然孰为旧文，孰为新说，今已不可辨别矣。

　　《孝经》有今文、古文二本。今文称郑元注，其说传自荀昶，而郑《志》不载其名。古文称孔安国注，其书出自刘炫，而《隋书》已言其伪。至唐开元七年三月，诏令群儒质定。右庶子刘知幾主古文，立十二验以驳郑。国子祭酒司马贞主今文，摘《闺门章》文句凡鄙，《庶人章》割制旧文妄加“子曰”字，及注中“脱衣就功”诸语，以驳孔，其文具载《唐会要》中。厥后，今文行而古文废。元熊禾作董鼎《孝经大义序》遂谓，贞去《闺门》一章，卒启元宗无礼无度之祸。明孙本作《孝经辨疑》，并谓唐宫闱不肃，贞削《闺门》一章，乃为国讳。夫削《闺门》一章，遂启幸蜀之衅，使当时行用古文，果无天宝之乱乎？唐宫闱不肃诚有之，至于《闺门章》二十四字，则绝与武、韦不相涉，指为避讳，不知所避何讳也？况知幾与贞两议并上，《会要》载当时之诏，乃郑依旧行用，孔注传习者稀，亦存继绝之典。是未因知幾而废郑，亦不因贞而废孔。迨时阅三年，乃有御注，太学刻石，署名者三十六人，贞不预列。御注既行，孔、郑两家遂并废，亦未闻贞更建议废孔也。禾等徒以《朱子刊误》偶用古文，遂以不用古文为大罪，又不能知唐时典故，徒闻《中兴书目》有议者排毁古文遂废之语，遂沿其误说，愤愤然归罪于贞。不知以注而论，则孔佚郑亦佚，孔佚罪贞，郑佚又罪谁乎？以经而论，则郑存孔亦存，古文并未因贞一议亡也，贞又何罪焉！

今详考源流，明今文之立自元宗此注始。元宗此注之立，自宋诏邢昺等修此疏始。众说喧呶，皆揣摩影响之谈，置之不论不议，可矣。

（本文录自《四库全书总目》经部孝经类，中华书局，1965年，第263—264页）

《古文孝经孔氏传》提要

清·纪昀等

旧本题汉孔安国传，日本信阳太宰纯音。据卷末乾隆丙申歙县鲍廷博新刊跋，称其友汪翼沧附市舶至日本，得于彼国之长崎澳，核其纪岁干支，乃康熙十一年所刊，前有太宰纯序称：古书亡于中夏存于日本者颇多，昔僧奝然适宋献郑注《孝经》一本。今去其世七百余年，古书之散逸者亦不少，而孔传《古文孝经》全然尚存，惟是经国人相传之久，不知历几人书写，是以文字讹谬，鱼鲁不辨。纯既以数本校雠，且旁采他书所引，苟有足征者，莫不参考，十更裘葛，乃成定本。其经文与宋人所谓古文者亦不全同，今不敢从彼改此，传中间有不成语，虽疑其有误，然诸本皆同，无所取正，故姑传疑以俟君子。今文唐陆元朗尝音之，古文则否。今因依陆氏音例，并音经传，庶乎令读者不误其音，云云。

考世传海外之本，别有所谓《七经孟子考》文者，亦日本人所刊，称西条掌书记山井鼎辑，东都讲官物观补遗。中有《古文孝经》一卷，亦云古文孔传中华所不传，而其邦独存。又云其真伪不可辨，末学微贱，不敢辄议云云。则日本相传原有是书，非鲍氏新刊赝造。此本核其文句，与山井鼎等所考大抵相应，惟山井鼎等称每章题下有刘炫《直解》，其字极细写之，与注文粗细弗类。又有引及邢昺《正义》者，为后人附录，此本无之，为少异耳。其传文虽证以《论衡》《经典释文》《唐会要》所引，亦颇相合。然浅陋冗漫，不类汉儒释经之体，并不类唐、宋、元以前人语，殆市舶流通，颇得中国书籍，有桀黠知文义者，撷诸书所引孔传，影附为之，以自夸图籍之富欤！考元王恽《中堂事纪》有曰：中统二年，高丽世子植来朝，宴于中书省，问曰，传闻汝邦有《古文尚书》及海外异书。答曰，与中国书不殊。高丽、日本比邻相接，海东经典，大概可知，使果有之，何以奄然不与郑注并献，至今日而乃出？足征彼国之本，出自宋、元以后。观山井鼎亦疑之，则其事固可知矣！特以海外秘文，人所乐睹，使不实见其书，终不知所谓《古文孝经》孔传，不过如此，转为好古者之所惜。故特录存之，具列其始末如右。

（本文录自《四库全书总目》经部孝经类，中华书局，1965年，第263页）

孝经郑氏注叙
清·严可均

汉儒有功圣经，莫如郑氏，郑氏《诗笺》《三礼注》今在学官，而《易》《书》《论语》注亡，近人辑本残阙不全，独《孝经注》亡而复存，可与《诗》《礼》比并。谨述其原委，而为之叙曰：

《孝经》郑氏注，始见晋《中经簿》。江左中兴，《孝经》《论语》共立郑氏博士一人，齐、梁代，郑氏注与古文孔安国传并立，而孔传本亡于梁乱，陈及周、齐唯立郑氏。隋王劭访得孔传本，刘炫为作《述义》，复与郑并立，儒者皆云炫自作之，非孔旧本。后百卅年，唐明皇为御注，而郑氏注与孔传本渐微，宋、元、明不著录。乾隆中，歙鲍氏廷博始得日本国所刊孔传本于海舶，编入《知不足斋丛书》。嘉庆初，我乡郑氏复于海舶得日本所刊魏徵《群书治要》，其中有《孝经》十七章，则郑氏注也。兼得彼国所刊郑氏注专行本，与《治要》同。《治要》于经注有删节，又无《丧亲》章，非全本。

余观陆德明《经典释文·孝经》用郑氏注本，明皇御注亦用郑氏注甚多，元行冲等《正义》逐条举出，云此依郑注。又遍观孔颖达《诗》《礼记》正义、贾公彦《仪礼》《周礼》疏、失名《公羊》疏、裴骃《史记集解》、刘昭《续汉志》注补、沈约《宋书》、萧子显《齐书》、刘肃《大唐新语》、王溥《唐会要》、甄鸾《五经算术》、虞世南原本《北堂书钞》、李善《文选注》、徐坚《初学记》、释慧苑《华严音义》、《白孔六帖》、李昉《太平御览》、乐史《太平寰宇记》、王应麟《玉海》，都引《孝经》郑氏注，汇而录之，以补《治要》之阙，注明出处，以备覆查，考核异同，酌加按语，不敢臆定，尚阙数十百字无从据补。盖至是而《孝经》郑氏注亡而复存，九百年来晦极终显，非刘炫古文所可同日而道矣。宜登之秘府，颁学官刊行，以传百世。

或问曰：陆澄与王俭书云：《孝经》题为郑玄注，观其用词不与注书相类，玄《自序》所注众书亦无《孝经》。陆德明《经典序录》亦云检《孝经》注与注五经不同。如二陆说，注或可疑。答曰：不然。郑氏著书百余万言，非旦夕可就，先后不类非所致疑，即如五经注亦或不类。《坊记正义》引《郑志》答炅模云，为记注时，就卢君先师亦然，后乃得毛公传记古书义，又且然记注已行，不复改之。《礼器正义》亦引《郑志》云，后得《毛诗传》，故与记不同。若然词不相类，《诗》《礼》亦有之，何止《孝经》！至谓《自序》所注众书无《孝经》，尤为偏。据刘炫《述议》引郑《六艺论》云：孔子以六艺题目不同，指意殊别，恐道离散，后世莫知根源，故作《孝经》以总会之。宋均《孝经纬注》引郑《六艺论》叙《孝经》云：玄又为之注。此二事并见《孝经正义》，明是《自序》遗漏。郑氏又别为《孝经序》，《礼记》《缁衣》"正义"、《大唐新语》、《太平寰宇记》、《玉海》各引一事，余既采列本经注篇端，兹故不载。就余所闻，《郑志》及谢承、薛莹、司马彪、袁崧等书载郑氏所注无《孝经》，范书有《孝经》无《周礼》，皆是遗漏。《正义》云《晋中经簿》称郑氏解,《经典序录》云《中经簿》无,则所据本异也。

或又问曰:近人疑《孝经》郑小同注,何据乎?答曰:此说始于《太平寰宇记》,谓今《孝经序》盖康成彻孙所作,盖者疑词,彻孙必误,近刻改为胤孙,近似矣。小同,汉魏间通人,注本幸存,亦宜宝贵,然而旧无此说。《经典序录》云,世所行郑注,相承以为郑玄。引晋穆帝集讲《孝经》云以郑玄为主,陆澄所见宋、齐本题郑玄注,《旧唐志》《新唐志》称郑玄注,未有题郑小同者也。

嘉庆乙亥岁夏六月既望乌程严可均谨叙。

（本文录自《铁桥漫稿》卷五,清道光十八年四录堂刻本）

孝经注疏校勘记序
清·阮元

《孝经》有古文有今文,有郑注有孔注。孔注今不传,近出于日本国者,诞妄不可据。要之,孔注即存,不过如《尚书》之伪传,决非真也。郑注之伪,唐刘知幾辨之甚详,而其书久不存。近日本国又撰一本,流入中国,此伪中之伪,尤不可据者。

《孝经》注之列于学宫者,系唐元宗御注,唐以前诸儒之说,因藉捃摭以仅存。而当时元行冲《义疏》经宋邢昺删改,亦尚未失其真,学者舍是,固无繇窥《孝经》之门径也。惟其讹字实繁,元旧有校本,因更属钱塘监生严杰旁披各本,并《文苑英华》《唐会要》诸书,或雠或校,务求其是。元复亲酌定之,为《孝经校勘记》三卷,《释文校勘记》一卷。阮元记。

（本文录自《孝经注疏》卷一附,阮元校刻《十三经注疏》[清嘉庆刊本],中华书局,2009年,第5528页）

孝经刊误书后

清·姚鼐

　　《孝经》非孔子所为书也，而义出于孔氏，盖曾子之徒所述者耳。朱子疑焉，为之《刊误》。夫古经传远，诚不能无误也，然朱子所刊，亦已甚耳。夫其书有不可通者，非本书之失，后人离合其章者之过，而文有讹失，不能明也。汉《艺文志》云，《孝经》古孔氏一篇二十三（二）章，其"曾子敢问章"为三章。夫孝之常，在于"事亲立身"，而其极至于"严父配天"，故"曾子敢问章"义与首章之说相备。朱子《中庸章句》以孔子言子臣弟友之常为费之小，以舜、文、武、周公之孝为费之大，夫《孝经》亦犹是已。举《中庸》之言孝，以释"严父配天"之义，则知圣人论孝，必极于是，以人子自尽之实，则匹夫啜菽而不为不足，以其行于天下之量，则为帝王制礼乐，皆备于孝之中，故曰：义相备也。子言"天地之性，人为贵"，至"圣人之德，又何以加于孝乎"，其辞尽矣！其下"故亲生之膝下"，至"不敬其亲，而敬他人者，谓之悖礼"，自为一章，以申"资于事父以事君，而敬同"义也。自"以顺则逆，民无则焉"，至"其仪不忒"，又为一章，言君子苟不能自慎其威仪，而但以虚辞训民，民必逆之，而滋为凶德，纵能得志于民，而己实无礼以临之，君子亦所弗贵，是以"君子慎威仪"，此章以申"非先王法服不敢服，非法言不敢道"义也。古孔氏分三章是也。而章首各有脱文，又"训"误为"顺"，儒者见其发句言故言，以遂联属之，而以"子曰"字置"父子之道天性"及"不爱其亲"之上，则失其所矣。《孝经》后章之文，多以广前章之义，但非必以经、传分其次，亦不必拘拘比附也。若其辞有同于《左传》者，盖此固曾氏之书，而《左传》传自曾申，刘向《别录》记之矣。意或为传时，取辞于是，未可知也。不幸《孝经》之文，讹脱不具，朱子觉此文义之不完，反不如左氏之可通，遂疑为袭左氏也。其病亦由混合为章者过也。若其首前儒所分为七章者，朱子合为一章，则说诚善，无以易矣。

夫儒者有德行、有言语文学，苟非亚圣之才，不能备也。德行之儒，或疏于辞，若《坊记》《表记》《缁衣》之类，每一言毕，辄引《诗》《书》文以证之，间有不甚比附而强取者矣，亦洙泗间儒者之习然也。子思、孟子然后不为是习，至荀子则亦有之矣。《孝经》引《诗》《书》，亦颇有然，知其取义有疏密则可耳，而节去之恐未可也。

（本文录自《惜抱轩全集》文集卷五，中国书店，1991 年，第 49—51 页）

孝经郑注疏序

清·皮锡瑞

学者莫不宗孔子之经，主郑君之注。而孔子所作之《孝经》，疑非孔子之旧，郑君所著之《孝经注》，疑非郑君之书，甚非宗圣经主郑学之意也。

古人著书必引《经》以证义，引《礼》以证《经》，以见其言信而有征。孔子作《孝经》，多引《诗》《书》，此非独《孝经》一书有然，《大学》《中庸》《坊记》《表记》《缁衣》，莫不如是。郑君深于礼学，注《易》笺《诗》必引《礼》为证，其注《孝经》亦援古礼，此皆则古称先、实事求是之义。自唐以来，不明此义。明皇作注，于郑注征引典礼者，概置不取，未免买椟还珠之失，而开空言说经之弊。宋以来尤不明此义，朱子定本于经文征引《诗》《书》者辄删去之。圣经且加刊削，奚有于郑注？

今经学昌明，圣经莫敢议矣，而郑注犹有疑之者。锡瑞案：郑君先治今文，后治古文。《大唐新语》《太平御览》引郑君《孝经序》云："避难于南城山"，严铁桥以为避党锢之难，是郑君注《孝经》最早，其解社稷、明堂、大典礼，皆引《孝经纬》《援神契》《钩命决》文，郑所据《孝经》本今文，其注一用今文家说，后注《礼》笺《诗》，参用古文。陆彦渊、陆元朗、孔冲远，不考今古文异同，遂疑乖违，非郑所著。刘子元妄列十二证，请行伪孔废郑。小司马昌言排击，得以不废。而自明皇注出，郑注遂散佚不全。

　　近儒臧拜经、陈仲鱼，始裒辑之，严铁桥四录堂本，最为完善。锡瑞从叶焕彬吏部假得，手钞四录堂本，博考群籍，信其塙是郑君之注，乃竭愚钝，据以作疏。《孝经》文本明显，邢疏依经演说，已得大旨。兹惟于郑注引典礼者，为之疏通证明，于诸家驳难郑义者，为之解释疑滞，冀以扶高密一家之学，而于班孟坚列《孝经》于小学之旨，亦无憾焉。辑本既据铁桥，故案语不尽加别白，焕彬引陈本《书钞》，武后臣轨匡严氏所不逮，兹并著之，不敢掠美。更采汉以前征引《孝经》者，附列于后，以证《孝经》非汉儒伪作，窃取丁俭卿《孝经征文》之意云。

　　光绪二十一年岁在乙未仲夏月，善化皮锡瑞自序于江西经训书院

　　（本文录自皮锡瑞《孝经郑注疏》第一页，上海中华书局《四部备要》第 11 册"经部·清十三经注疏"）

主要参考文献

孝经正义 （唐）唐玄宗注 （宋）邢昺疏 《十三经注疏》（清嘉庆刊本） 中华书局 2009 年影印

古文孝经孔氏传 （汉）孔安国撰 影印文渊阁《四库全书》经部孝经类 台湾商务印书馆 1986 年影印

古文孝经指解 （宋）司马光撰 影印文渊阁《四库全书》经部孝经类 台湾商务印书馆 1986 年影印

孝经刊误 （宋）朱熹 影印文渊阁《四库全书》经部孝经类 台湾商务印书馆 1986 年影印

孝经大义 （元）熊禾撰 影印文渊阁《四库全书》经部孝经类 台湾商务印书馆 1986 年影印

孝经定本 （元）吴澄撰 影印文渊阁《四库全书》经部孝经类 台湾商务印书馆 1986 年影印

御注孝经 （清）清世祖撰 影印文渊阁《四库全书》经部孝经

类　台湾商务印书馆 1986 年影印

御纂孝经集注　（清）清世宗撰　影印文渊阁《四库全书》经部孝经类　台湾商务印书馆 1986 年影印

孝经问　（清）毛奇龄　影印文渊阁《四库全书》经部孝经类　台湾商务印书馆 1986 年影印

孝经郑注疏　（清）皮锡瑞　《四部备要》第 11 册"经部·清十三经注疏"　上海中华书局 1936 年版

礼记正义　《十三经注疏》（清嘉庆刊本）　中华书局 2009 年影印

仪礼注疏　《十三经注疏》（清嘉庆刊本）　中华书局 2009 年影印

春秋穀梁传　《十三经注疏》（清嘉庆刊本）　中华书局 2009 年影印

春秋公羊传　《十三经注疏》（清嘉庆刊本）　中华书局 2009 年影印

史记　（汉）司马迁撰　中华书局 1982 年版

汉书　（汉）班固撰　中华书局 1962 年版

后汉书　（南朝宋）范晔撰　中华书局 1965 年版

梁书　（唐）姚思廉撰　中华书局 1973 年版

隋书　（唐）魏徵等撰　中华书局 1973 年版

旧五代史　（宋）薛居正等撰　中华书局 1976 年版

新五代史　（宋）欧阳修撰　中华书局 1974 年版

宋史　（元）脱脱等撰　中华书局 1985 年版

辽史　（元）脱脱等撰　中华书局 1974 年版

金史　（元）脱脱等撰　中华书局 1975 年版

元史　（明）宋濂等撰　中华书局 1976 年版

清史稿　赵尔巽等撰　中华书局 1977 年版

论语译注　杨伯峻撰　中华书局 1980 年版

墨子间诂　（清）孙诒让撰　孙启治点校　中华书局 2001 年版

孟子正义　（清）焦循撰　沈文倬点校　中华书局 1987 年版

吕氏春秋集释　许维遹撰　梁运华整理　中华书局 2009 年版

新序 （汉）刘向著　《汉魏丛书》 吉林大学出版社 1992 年版

潜夫论笺校正 （汉）王符撰 （清）汪继培笺　彭铎校正　中华书局 1985 年版

经典释文 （唐）陆德明撰　上海古籍出版社 2013 年版

贞观政要 （唐）吴兢撰　上海古籍出版社 1978 年版

群书治要 （唐）魏徵撰　《四部丛刊初编》子部　上海商务印书馆 1919 年版

大唐新语 （唐）刘肃撰　许德楠、李鼎霞点校　中华书局 1984 年版

柳河东集 （唐）柳宗元撰　四库唐人文集丛刊　上海古籍出版社 1993 年版

法苑珠林 （唐）释道世撰　中国书店 1991 年版

唐会要 （宋）王溥撰　中华书局 1955 年版

唐大诏令集 （宋）宋敏求撰　中华书局 2008 年版

宋本太平寰宇记 （宋）乐史撰　中华书局 2000 年版

欧阳修全集 （宋）欧阳修撰　中国书店 1986 年版

温国文正司马公集 （宋）司马光撰 《四部丛刊初编》缩本　上海商务印书馆 1919 年版

家范 （宋）司马光撰　中国戏剧出版社 2002 年版

古文孝经 （宋）范祖禹书　舒大刚《范祖禹书大足石刻〈古文孝经〉校定》载《宋代文化研究》第十一辑　线装书局 2002 年版

梁溪集 （宋）李纲撰　影印文渊阁《四库全书》集部别集类　台湾商务印书馆 1986 年影印

黄氏日抄 （宋）黄震撰　影印文渊阁《四库全书》子部儒家类　台湾商务印书馆 1986 年影印

通志 （宋）郑樵撰 《万有文库》十通本 上海商务印书馆 1935 年版

困学纪闻 （宋）王应麟撰 四库笔记小说丛书 上海古籍出版社 1992 年版

北梦琐言 （宋）孙光宪撰 林艾园校点 上海古籍出版社 1981 年版

郡斋读书志 （宋）晁公武撰 孙猛校证 上海古籍出版社 2011 年版

直斋书录解题 （宋）陈振孙撰 徐小蛮、顾美华点校 上海古籍出版社 1987 年版

西夏文《孝经》研究 陈炳应撰 《西夏文物研究》宁夏人民出版社 1985 年版

契丹国志 （宋）叶隆礼撰 贾敬颜、林荣贵点校 上海古籍出版社 1985 年版

元好问全集 （金）元好问撰 山西人民出版社 1990 年版

文宪集 （明）宋濂撰 四库明人文集丛刊 上海古籍出版社 1991 年版

吴廷翰集 （明）吴廷翰著 容肇祖点校 中华书局 1984 年版

大学衍义补 （明）邱濬著 林冠群、周济夫校点 京华出版社 1999 年版

明太祖文集 （明）朱元璋撰 四库明人文集丛刊 上海古籍出版社 1991 年版

王文成全书 （明）王守仁撰 影印文渊阁《四库全书》集部别集类 台湾商务印书馆 1986 年影印

经义考 （清）朱彝尊 中华书局 1998 年版

进《孝经衍义》札子 （清）张能麟撰 王重民《中国善本书提

要》　上海古籍出版社 1983 年版

四库全书总目　（清）纪昀等撰　中华书局 1965 年版

钦定四库全书考证　（清）王太岳等编辑　书目文献出版社 1991 年版

东塾读书记　（清）陈澧撰　生活·读书·新知三联书店 1998 年版

隋书经籍志考证　（清）姚振宗撰　二十五史补编（四）　中华书局 1986 年版

苌楚斋随笔　（清）刘声木撰　刘笃龄点校　中华书局 1998 年版

金石萃编　（清）王昶撰　北京市中国书店 1985 年影印

古今伪书考补证　黄云眉撰　齐鲁出版社 1980 年版

群经类孝经之属　许建平撰　载张涌泉主编《敦煌经部文献合集》　中华书局 2008 年版

孝经今考　王正己撰　古史辨（第四册）上海古籍出版社 1982 年版

孝经译注　胡平生撰　中华书局 1996 年版

孝经译注　汪受宽撰　上海古籍出版社 1998 年版

孝经学史　陈壁生撰　华东师范大学出版社 2015 年版

孝经学源流　陈铁凡撰　南天书局有限公司 2018 年版

论儒家的孝道学派　黄开国撰　《哲学研究》2003 年第 3 期

中国孝道思想的形成、演变及其在历史中的诸问题　徐复观《中国思想史论集》上海书店出版社 2004 年版

《孝经郑注》辑本三种平议　姜元、江曦撰　载《天一阁文丛》第 17 辑　浙江古籍出版社 2019 年版